普通高等职业教育"十二五"规划教材

高职高专模具设计与制造专业规划教材

压铸成型工艺与模具设计

关月华　主　编

徐宝林　陈根琴　副主编

王树勋　主　审

电子工业出版社

Publishing House of Electronics Industry

北京·BEIJING

内 容 简 介

本书内容基于工作过程,按项目导向任务驱动来编写,以"知识必需、够用"为原则,在重视基础知识的同时,侧重知识的实用性和操作性,以学生今后所从事的工作岗位为主线贯穿教学始终。本书共由三个项目组成,分别为项目一抽屉拉手锌合金热压室压铸机用压铸模设计、项目二壳体铝合金卧式冷压室压铸机用压铸模设计和项目三整流罩镁合金立式冷压室压铸机用压铸模设计,每个项目包括压铸合金选择、压铸件设计、压铸成型工艺、压铸机与压铸模的联系、压铸模设计五个模块方面的内容,将项目过程分解成三十一个任务来完成。

本书引入现代企业实用技术信息,将大量形象图片和必要的说明文字有机组合,在一定程度上降低了理论难度,可以帮助学生减轻阅读负担,提高学习效率,增强感性认识。本书可作为高等职业技术学院模具设计与制造专业的教材,也适合作为专科层次的高等工科学校和同等学历教育及继续教育模具专业教材。

未经许可,不得以任何方式复制或抄袭本书之部分或全部内容。

版权所有,侵权必究。

图书在版编目(CIP)数据

压铸成型工艺与模具设计/关月华主编.--北京:电子工业出版社,2013.8
高职高专模具设计与制造专业规划教材
ISBN 978-7-121-21016-7

Ⅰ.①压… Ⅱ.①关… Ⅲ.①压力铸造-高等职业教育-教材②压铸模-设计-高等职业教育-教材 Ⅳ.①TG24

中国版本图书馆 CIP 数据核字(2013)第 162016 号

策划编辑:贺志洪
责任编辑:贺志洪 特约编辑:张晓雪 王 纲
印 刷:北京七彩京通数码快印有限公司
装 订:北京七彩京通数码快印有限公司
出版发行:电子工业出版社
　　　　北京市海淀区万寿路 173 信箱 邮编 100036
开 本:787×1 092 1/16 印张:18.25 字数:467 千字
印 次:2024 年 7 月第 8 次印刷
定 价:36.00 元

凡所购买电子工业出版社图书有缺损问题,请向购买书店调换,若书店售缺,请与本社发行部联系,联系及邮购电话:(010)88254888。

质量投诉请发邮件至 zlts@phei.com.cn,盗版侵权举报请发邮件至 dbqq@phei.com.cn。

服务热线:(010)88258888。

前 言

FOREWORD

本书在编写前,我们对压铸模行业现状进行了调研,组织教师走访了君盛实业有限公司等部分压铸生产企业,与企业家一起分析企业所需的压铸模工作岗位技能,结合职业院校学生学习特点和就业状况,以"知识必需、够用"为原则,教学内容基于工作过程,按项目导向任务驱动来编写,在每个学习任务中首先引入任务,接着介绍能力目标、知识目标、解决任务所需工作流程和任务实施所需相关知识,最后是知识拓展内容。知识内容围绕学习任务展开,使学生所学理论知识与毕业后的就业岗位应用紧密结合,以便可提高学生应用所学知识解决实际工作中技术问题的能力。

本书教学课时数为30～40学时,全书由抽屉拉手锌合金热压室压铸机用压铸模设计、壳体铝合金卧式冷压室压铸机用压铸模设计和整流罩镁合金立式冷压室压铸机用压铸模设计3个项目组成,每个项目包括压铸合金选择、压铸件设计、压铸成型工艺、压铸机与压铸模的联系、压铸模设计五个模块。其中抽屉拉手锌合金热压室压铸机用压铸模设计项目由十四个任务组成,壳体铝合金卧式冷压室压铸机用压铸模设计项目由十三个任务组成,整流罩镁合金立式冷压室压铸机用压铸模设计项目由四个任务组成,共三十一个学习任务。

本书的编写分工为:广东江门职业技术学院关月华高级工程师担任主编,广东江门职业技术学院徐宝林高级工程师和江西机电职业技术学院陈根琴教授担任副主编,江门职业技术学院王树勋教授担任主审。关月华负责项目一的编写和全书统稿,徐宝林、陈根琴和江门职业技术学院杨海鹏高级工程师负责项目二的编写,江门职业技术学院王尚林副教授和君盛实业有限公司刘炳良工程师负责项目三及附录部分的编写。江门职业技术学院何敏红讲师对全书CAD图进行了标注化校核。

编写时参阅了一些同类教材、资料和文献,在编写过程中得到了江门职业技术学院和君盛实业有限公司的大力支持,在此深表感谢!

　　本书可供高职高专模具设计与制造、普通高等专科学校材料成型与控制专业及成人高校模具类专业学生使用,也可供相关工程技术人员参考。

　　由于编者水平有限,书中难免有疏漏之处,恳请读者和同仁海涵并不吝赐教,以便及时修改和交流。

编　者

2013 年 6 月 1 日

目 录
CONTENTS

项目一

抽屉拉手锌合金
热压室压铸机压铸模设计

任务一 抽屉拉手压铸材料选择及其熔炼

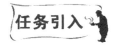

图 1-1-1 和图 1-1-2 分别为家具用抽屉拉手压铸件实体图和平面图,要求选择抽屉拉手合金材料,确定合金熔炼工艺。

图 1-1-1 抽屉拉手实体图

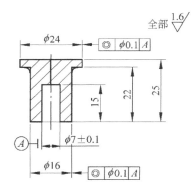

图 1-1-2 抽屉拉手平面图

任务操作流程

1. 根据铸件受力状态及工作环境、工作条件和生产条件,选择合金种类。
2. 根据所选合金,确定熔炼设备和压铸设备种类。
3. 确定熔炼工艺。

教学目标

※ 能力目标
1. 能够根据压铸件使用性能选用材料。

2. 能够确定压铸合金熔炼设备类型。

3. 能够根据压铸合金材料,确定压铸成型设备类型及成型工艺。

※**知识目标**

1. 熟悉锌合金材料性能及其应用。

2. 掌握锌合金材料熔炼工艺。

3. 了解锌合金材料成型设备及工艺过程。

4. 掌握压铸锌合金的选择步骤和方法。

5. 掌握热压室压铸机的压铸特点、原理及工艺过程。

相关知识

一、压铸定义、本质、生产要素及工艺过程

1. 压铸定义

压铸是压力铸造的简称,是在高压作用下,使液态或半液态合金以较高的速度充填铸模型腔,并在压力下成型和凝固,获得铸件。

2. 压铸本质

高压力和高速度,也是压铸与其他铸造方法最根本的区别所在。

3. 压铸生产要素

合金材料、压铸机和压铸模。

4. 压铸工艺过程

压铸工艺过程如图 1-1-3 所示。

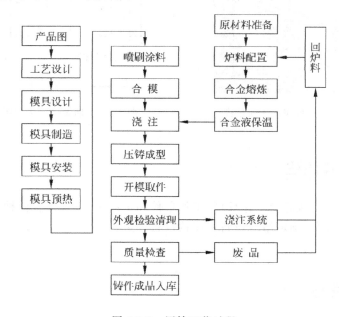

图 1-1-3　压铸工艺过程

二、压铸成型的优、缺点

1. 优点

(1) 压铸件的尺寸精度高,表面粗糙度值低。

(2) 材料利用率高达 60%～80%,毛坯利用率达 90%。

(3) 可以制造形状复杂、轮廓清晰、薄壁深腔的金属零件。

(4) 在压铸件上可以直接嵌铸其他材料的零件。

(5) 压铸件组织致密,具有较高的强度和硬度。

(6) 生产率极高。

(7) 压铸件质量及尺寸:质量最小的只有零点几克,最大的铝合金铸件质量达 60kg;尺寸最大的直径可达 2m。

2. 缺点

(1) 压铸件常有气孔及氧化夹杂物存在。

(2) 不适合小批量生产(成型模具昂贵)。

(3) 压铸件尺寸和结构受到限制。

(4) 压铸合金材料受到限制(仅限于锌、铝、镁、铜),压铸黑色金属时,压铸模具使用寿命很低。

(5) 设备投资大,生产准备周期长。

三、压铸成型的应用范围

压铸成型主要用于汽车及摩托车制造业,还有工业电器、仪器仪表、家用电器、通信、照相机、计算机、钟表等。以铝合金铸件居多(占 60%～80%),锌合金次之(占 10%～20%),镁合金被誉为"21 世纪绿色工程材料",用于计算机、通信器材、消费类电子、航空航天等。

四、压铸生产对压铸合金的要求

1. 基本要求

(1) 过热温度不高时,具有较好的流动性。

(2) 线收缩率和裂纹倾向小。

(3) 结晶温度范围小。

(4) 具有一定的高温强度。

(5) 在常温下有较高的强度。

(6) 与型腔壁间产生物理-化学作用的倾向性小。

(7) 具有良好的加工性能和一定的抗蚀性。

2. 压铸生产对压铸合金性能的要求

压铸生产对压铸合金性能要求包括使用性能和工艺性能,见表 1-1-1。

表 1-1-1　压铸合金使用性能和工艺性能

性 能 类 别	项　目	内　容
使用性能	力学性能	抗拉强度、高温强度、伸长率、硬度
	物理性能	密度、液相线温度、固相线温度、线膨胀率、体膨胀率、比热容、热导率
	化学性能	耐热性、耐蚀性
工艺性能	铸造工艺性	流动性、抗热裂性、模具黏附性
	切削加工性、焊接性能、电镀性能、热处理性能	

五、压铸锌合金特点和用途

1. 压铸锌合金优点

（1）压铸性能好，填充型腔容易。可以压铸形状复杂、薄壁的精密件，铸件表面光滑，尺寸精度高。

（2）结晶温度范围小，不易产生疏松。

（3）在 385℃熔化，浇注温度较低，模具使用寿命长。

（4）熔化与压铸时不吸铁，不腐蚀压型，不黏模。

（5）有很好的常温力学性能、机械性能和耐磨性。

（6）锌合金铸件能够进行表面处理，如电镀、喷涂、喷漆等。

2. 压铸锌合金缺点

（1）老化现象：温度低于 0℃时，冲击韧性急剧降低；温度升高时，力学性能下降，且易发生蠕变，使其应用范围受到限制。

（2）尺寸变化：铸件成型后会发生尺寸收缩，开始收缩速度比较快，3～5 天后，大约完成了 2/3 后收缩速度减慢，尺寸逐渐趋于稳定。

（3）密度大（液态 6.4g/cm³，固态 6.7g/cm³），铸件重。

3. 常用压铸锌合金特点及用途

常用压铸锌合金特点及用途，见表 1-1-2。

表 1-1-2　压铸锌合金特点及用途

合金牌号	合金代号	特　点	用　途
锌合金 ZZnAl4Y	YX040	熔点低（385℃左右），模具寿命长；铸造工艺性好，可压铸特别复杂的薄壁件；不黏模，具有良好的常温性能；焊接和电镀性能良好；密度大（6.4～6.7g/cm³），抗蚀性差；锌对有害杂质的作用极为敏感，必须采用纯度高的原材料进行熔制，并对合金严格管理	尺寸稳定的合金，用于高精度零件
ZZnAl4Cu1Y	YX041		中强度合金，用于镀铬及不镀铬的各种零件
ZZnAl4Cu3Y	YX043		高强度合金，用于镀铬的各种小型薄壁零件

六、压铸锌合金应用实例

在电子、五金、工艺品、玩具等行业压铸锌合金具有广泛的应用市场，如图1-1-4～图1-1-8 所示。

图 1-1-4　压铸锌合金标牌

图 1-1-5　压铸锌合金装饰品

图 1-1-6　压铸锌合金工艺品

图 1-1-7　压铸锌合金五金件

图 1-1-8　压铸锌合金家具拉手

七、压铸锌合金的熔炼

1. **熔炼目的**

为得到符合化学成分规定、结晶组织好及气体、夹杂物少的熔融金属液。

2. **熔炼过程中的物理、化学现象**

(1) 金属与气体的相互作用：在熔炼过程中，与氢(H_2)、氧(O_2)、水汽(H_2O)、氮(N_2)、CO_2、CO 作用，这些气体或是溶于金属液中，或是与其发生化学作用。

(2) 气体来源：气体可从炉气、炉衬、原材料、熔剂、工具等途径进入合金液中。

(3) 熔融的合金液与坩埚的相互作用：熔炼温度过高时，铁质坩埚与锌液反应加快，坩埚表面发生铁的氧化反应生成 Fe_2O_3 等氧化物。此外铁元素还会与锌液反应生成 $FeZn_{13}$ 化合物(锌渣)，溶解在锌液中；铁质坩埚壁厚不断减薄直至报废。

3. 压铸锌合金熔炼过程

压铸锌合金熔炼过程如图 1-1-9 所示。

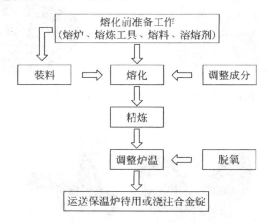

图 1-1-9　压铸锌合金熔炼过程

4. 熔炼锌合金用设备

熔炼锌合金用设备选用铸铁或石墨坩埚炉，金属坩埚。

5. 锌合金熔炼工艺特点

（1）熔炼前炉料成分的控制：分析并去除回炉料中 Fe、Sn、Pd、Cd 等有害杂质，选用高纯度的锌合金锭，严格控制熔炼过程，防止锌合金"老化"。

（2）熔炼过程中的温度控制。

① 采用中央熔炼炉，压铸机熔炉作保温炉。温度过高，铝、镁元素易烧损，锌渣增加，坩埚中的铁元素与锌反应加快，形成铁锌金属间化合物，使锤头、鹅颈壶过度烧损；温度过低，合金流动性差，不利于成型，影响压铸件表面质量。

中央熔炼炉内金属液温度为 430～450℃。

热压室压铸机坩埚内金属液温度为 415～430℃，薄壁件、复杂件压铸温度取上限，厚壁件、简单件取下限。进入鹅颈管的金属液温度与坩埚内的温度基本一样。

② 采用先进的金属液自动送料系统能够保持稳定的供料速度、合金液的温度及坩埚液面高度。

（3）熔炼生产步骤：先加入熔点较高的铝锭和铝铜中间合金，再加入回炉料和锌锭，再撒上一层 20mm 厚的覆盖剂，当炉料熔化后，用钟罩压入镁锭，去除覆盖层，用占料重 0.25%～0.3% 的精炼剂脱水氯化锌精炼，除渣运往保温炉中待用。

6. 熔炼锌合金用工具

熔炼锌合金工具选用多孔（$\phi6mm$）盘形扒渣耙、搅拌器。

7. 锌合金熔炼操作注意事项

（1）坩埚：使用前必须进行清理，去除表面的油污、铁锈、熔渣和氧化物等。为防止铸铁坩埚中铁元素溶解于合金中，坩埚应预热到 150～200℃，在工作表面喷一层涂料，再加热到 200～300℃，彻底去除涂料中水分。

（2）工具：熔炼工具在使用前应清除表面脏物，与金属接触的部分，必须预热并刷上涂料。工具不能沾有水分,否则会引起熔液飞溅及爆炸。

（3）合金材料:熔炼前要清理干净并预热,去除表面吸附的水分。为了控制合金成分,建议采用 2/3 的新料与 1/3 的回炉料搭配使用。

（4）熔炼温度:≤450℃。

（5）及时清理坩埚中液面上的浮渣,及时补充锌料,保持熔液面正常的高度(不低于坩埚面 30mm)。因为过多的浮渣和过低的液面都容易造成料渣进入鹅颈通道,拉伤、冲头和司筒,导致卡死冲头、鹅颈和冲头报废。

（6）熔液上面的浮渣用扒渣把轻轻地搅动,使之集聚以便取出。

8. 压铸合金的选择

（1）选择原则:在满足压铸件使用性能的前提下,尽可能选择工艺性能好的压铸合金。

① 铸件使用性能(力学性能、物理及化学性能):用强度、硬度、密度、熔点、热导率、线膨胀系数等作衡量指标。

② 铸件工艺性能:指铸造工艺性能、切削加工性、焊接性、热处理性能、流动性、抗热裂纹性、合金黏附模具的程度。

（2）选择合金需考虑的因素

① 压铸件受力状态(大小、方向、类型等)。

② 压铸件工作环境。温度高低、是否要密封及哪类密封、工作接触介质(海水、酸碱、潮湿空气)。

③ 压铸件在整机或部件中所处的工作条件。

④ 对压铸件尺寸和重量是否有限制。

⑤ 本厂的合金熔炼设备、压铸机和工艺装置及操作水平。

⑥ 合金价格的高低。

任务实施

1. 抽屉拉手合金材料的选择

（1）抽屉拉手使用性能分析:抽屉拉手为生活用品,工作温度不超过 100℃,受很小的拉力,外观质量要求高,不允许有裂纹、砂孔等铸造缺陷,对工作环境及重量无特殊要求。

（2）工艺性能分析:要求铸件成型性能好。

（3）抽屉拉手合金材料选择:从抽屉拉手使用性能和工艺性能分析得知,采用压铸工艺性好的锌合金——ZZnAl4Y 能满足抽屉拉手使用性能。锌合金流动性好,铸件表面光滑,不易产生裂纹、缩松等铸造缺陷。工作环境也适合,虽易老化,但不影响其使用功能。

2. 抽屉拉手锌合金熔炼工艺

先加入熔点较高的铝锭和铝铜中间合金,再加入回炉料和锌金属,并撒上一层 20mm 厚的覆盖剂,当炉料熔化后,用钟罩压入镁锭,去除覆盖层,用占料重 0.25%～0.3% 的精炼剂脱水氯化锌精炼,除渣运往保温炉中待用。

知识拓展

一、压铸生产前的准备

1. 设计和制造压铸模。
2. 将压铸模安装到压铸机上。
3. 将固态合金在熔炼炉中熔炼成液态合金,保温到坩埚。

二、压铸生产中三要素——压铸合金、压铸机、工艺

1. 锌合金＋热压室压铸机＋锌合金熔炼工艺＋锌合金压铸成型工艺。
2. 铝合金＋冷压室压铸机＋铝合金熔炼工艺＋铝合金压铸成型工艺。
3. 镁合金＋冷压室压铸机＋镁合金熔炼工艺＋镁合金压铸成型工艺。

三、压铸生产后的处理

压铸件清整、表面处理、热处理及浸渗处理和质量检验。

思考题

一、专业术语解释

1. 锌合金老化现象
2. 压铸特点

二、问答题

1. 压铸生产对压铸锌合金有哪些基本要求?
2. 压铸锌合金熔炼工艺有哪些?

三、填空题

1. 压铸锌合金熔炼设备有_____或_____和_____。
2. 压铸合金熔炼目的是_____。
3. 压铸合金熔炼前准备工作有_____、_____、_____等。
4. 目前最先进的铸造工艺方法之一是_____。
5. 压铸是_____的简称,其实质是在_____作用下,使液态或半液态金属以_____充填压铸模型腔,并在_____成型和凝固而获得铸件的方法。

四、选择题

1. 压铸合金选用应考虑铸件(   )及工作环境状态。
   A. 酸碱   B. 压力   C. 密闭性   D. 受力状态
2. 目前高熔点黑色金属难以压铸,原因之一是受到压铸模(   )的限制。
   A. 型腔材料   B. 型芯材料   C. 模板材料   D. 推杆材料
3. 压铸用低熔点合金有锌合金、锡合金和(   )。
   A. 钨合金   B. 镁合金   C. 钛合金   D. 铅合金
4. 由于锌合金易产生"老化"现象,故不用于(   )的制作。
   A. 装饰扣   B. 纪念章   C. 抽屉拉手   D. 汽车轮毂

任务二 抽屉拉手结构工艺性设计

根据图 1-1-1 和图 1-1-2 所示的家具用抽屉拉手实体图和平面图,完成抽屉拉手结构工艺性设计。

任务操作流程

1. 查表,得压铸件壁厚。
2. 查表,得压铸件铸造圆角半径。
3. 查表,得压铸件脱模斜度。
4. 查表,得压铸件最小孔径和最大深度。
5. 查表,确定压铸件各尺寸精度。
6. 查表,确定压铸件形状、位置精度。
7. 查表,确定压铸件表面粗糙度。

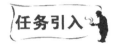

教学目标

※能力目标
能够设计压铸件精度及结构工艺。
※知识目标
熟悉压铸件结构工艺设计内容及要求。

相关知识

一、压铸件基本单元结构要素设计

1. 壁厚
(1)压铸件壁厚过厚或厚薄不均对铸件质量和生产的影响:壁厚过厚铸件内部气

孔、缩孔等缺陷增加；铸件过薄，充型困难。

（2）压铸件壁厚原则：在保证铸件有足够强度和刚度的前提下，尽量做成薄壁件并使铸件整体各处壁厚相同。

（3）压铸件壁厚不均时的处理：对铸件的厚壁处，减薄厚度另增设加强筋。

压铸件适宜的壁厚：锌合金为 1～4mm，铝合金为 1～6mm，镁合金为 1.5～5mm，铜合金为 2～5mm。

压铸件正常壁厚与最小壁厚按表 1-2-1 选取。

表 1-2-1　正常壁厚与最小壁厚

壁厚处的面积 $(a \times b)/(cm \times cm)$		锌合金		铝合金		镁合金		铜合金	
		壁厚 s/mm							
		最小	正常	最小	正常	最小	正常	最小	正常
≤25		0.5	1.5	0.8	2.0	0.8	2.0	0.8	1.5
>25～100		1.0	1.8	1.2	2.5	1.2	2.5	1.5	2.0
>100～500		1.5	2.2	1.8	3.0	1.8	3.0	2.0	2.5
>500		2.0	2.5	2.5	3.5	2.5	3.5	2.5	3.0

2. 加强筋

（1）加强筋作用：增加零件的强度和刚性，同时也改善了压铸的工艺，使金属的流路顺畅，可消除单纯依靠加大壁厚而引起的气孔和收缩缺陷。

（2）加强筋位置：如图 1-2-1 所示，加强筋应布置在铸件受力最大处，与铸件对称布置，筋的厚度要均匀，方向与料流方向一致。

（3）加强筋结构及参考尺寸按表 1-2-2 选取。

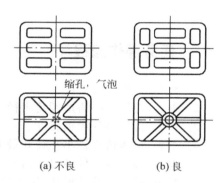

图 1-2-1　加强筋布置位置

表 1-2-2　加强筋结构及参考尺寸

加强筋结构	参考尺寸
	t—压铸件壁厚
	h—加强筋高度
	h_1—筋端距壁端高度 ≥0.8
	b—筋的根部厚度，$b=(2/3～3/4)t$
	r_1—筋的顶部外圆半径，$r_1=b/8$
	r_2—筋的根部内圆半径，$r_2=b/4$
	α—筋的斜度，$\alpha \geq 3°$

二、压铸圆角

1. 压铸圆角作用

压铸圆角有助于金属液的流动，减少涡流，气体容易排出，有利于成型；可避免尖角处产生应力集中而开裂。对需要进行电镀和涂覆的压铸件更为重要,圆角是获得均匀镀层和防止尖角处镀层沉积不可缺少的条件。对于模具来讲,铸造圆角能延长模具的使用时间。没有铸造圆角会产生应力集中,模具容易崩角,这一现象对熔点高的合金(如铜合金)尤其显著。

2. 压铸圆角计算

(1) 两壁水平连接时,过渡处压铸圆角 R 或过渡长 L 大小,如图 1-2-2 所示。

$s_1/s_2 \leqslant 2$ 时,$R=(0.2\sim0.25)(s_1+s_2)$;$s_1/s_2>2$ 时,$L\geqslant4(s_1-s_2)$。

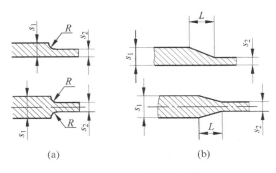

(a)   (b)

图 1-2-2 两壁水平连接

(2) 两壁垂直连接时,过渡处压铸圆角 R 大小,如图 1-2-3 所示。

等壁厚(见图 1-2-3(a)):$R_a=R_f+s$,$R_f=s$;

不等壁厚(见图 1-2-3(b)):$R_d=(R_f+s_2)$,$R_f=0.6(s_1+s_2)$。

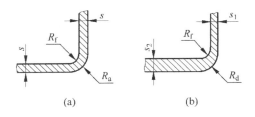

(a)   (b)

图 1-2-3 两壁垂直连接

(3) 两壁丁字形连接时,过渡处压铸圆角 R 或过渡长 h 大小,如图 1-2-4 所示。

$s_1/s_2<1.75$ 时,$R=0.25(s_1+s_2)$;

$s_1/s_2>1.75$ 时,加强部位在一壁,$h=3(s_1-s_2)^{0.5}$;加强部位在两壁,$h=0.5(s_1+s_2)$。

(4) 交叉连接的壁(壁厚不相等时,选最薄的壁厚 s 代入下列公式)时,过渡处压铸圆角 R 大小,如图 1-2-5 所示。

当 $\beta=90°$,$R=s$(见图 1-2-5(a));

当 $\beta=45°$,$R_1=0.75s$,$R_2=1.5s$(见图 1-2-5(b));

当 $\beta=30°$,$R_1=0.5s$,$R_2=2.5s$(见图 1-2-5(c))。

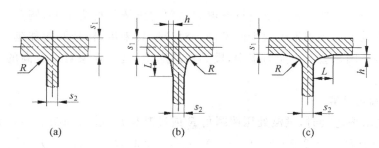

图 1-2-4　两壁丁字形连接

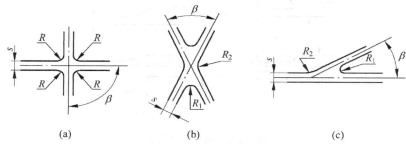

图 1-2-5　交叉连接

3. 压铸件的最小圆角半径

压铸件的最小圆角半径 R 一般不宜小于 1mm，最小圆角半径为 0.5mm，见表 1-2-3。

表 1-2-3　压铸件的最小圆角半径　　　　　　　　　　　　　　　　（mm）

压铸合金	圆角半径 R	压铸合金	最小圆角半径 R
锌合金	0.5	铝、镁合金	1.0
铝锡合金	0.5	铜合金	1.5

三、脱模斜度（铸造斜度）

1. 脱模斜度作用

从压铸件内抽出型芯，取出压铸件。

2. 压铸件脱模斜度大小

压铸件脱模斜度大小按表 1-2-3 选取。

表 1-2-4　压铸件脱模斜度

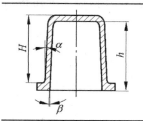

合金种类	配合面的最小脱模斜度		非配合面的最小脱模斜度	
	外表面(α)	内表面(β)	外表面(α)	内表面(β)
锌合金	0°10′	0°15′	0°15′	45′
铝、镁合金	0°15′	0°30′	0°30′	1°
铜合金	0°30′	0°45′	1°	1°30′

四、铸孔与铸槽

压铸法特点之一是能够直接压铸出小而深的圆孔、长方形孔和槽。压铸件上铸孔最小孔径以及孔径与深度的关系见表 1-2-5；压铸长方形孔和槽形图如图 1-2-6 所示，压铸长方形孔和槽的尺寸按表 1-2-6 选取。

表 1-2-5　铸孔最小孔径以及孔径与深度的关系

合金种类	最小孔径 d/mm		深度为孔径 d 的倍数			
	经济上合理	技术上可能	不通孔		通孔	
			$d>5$	$d<5$	$d>5$	$d<5$
锌合金	1.5	0.8	$6d$	$4d$	$12d$	$8d$
铝合金	2.5	2.0	$4d$	$3d$	$8d$	$6d$
镁合金	2.0	1.5	$5d$	$4d$	$10d$	$8d$
铜合金	4.0	2.5	$3d$	$2d$	$5d$	$3d$

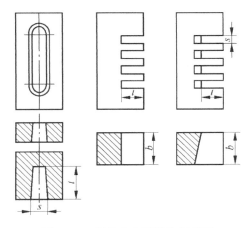

图 1-2-6　压铸长方形孔和槽形图

表 1-2-6　压铸长方形孔和槽的尺寸

合金种类	铅锡合金	锌合金	铝合金	镁合金	铜合金
最小宽度 s/mm	0.8	0.8	1.2	1.0	1.5
深度 t/mm	10	12	10	12	10
厚度 b/mm	10	12	10	12	8
最小铸造斜度	0°15′～0°45′	0°15′～0°45′	0°15′～0°45′	0°15′～0°45′	1°15′～2°30′

五、压铸镶嵌件

1. 嵌件定义

将其他金属或非金属嵌入压铸件中，被嵌入的其他金属或非金属件叫嵌件。

2. 设计嵌件时应注意的要点

（1）嵌件与压铸件合金不产生严重的电化学腐蚀，必要时嵌件外表可镀层。

（2）嵌件在模具内应定位可靠，与压铸件正确配合。

（3）嵌件周围压铸合金层厚度≥1.5mm，并有倒角。

（4）嵌件不应离浇口太远，以免熔接不牢，如必须远离，应适当提高浇注温度。

（5）有嵌件的压铸件应避免热处理，以免因两种合金的相变而产生不同的体积变化后，嵌件在压铸件内松动。

（6）嵌件铸入后，应被压铸合金所包紧，不应在任意方向上松动，这可以在铸前将嵌件滚花、液纹、切槽、铣扁以及挤压出凸体（点状和键形）等加工方法来达到这一要求。

（7）嵌件铸前需清理污秽，并预热，预热温度与模具温度相近。

3. 压铸件尺寸

（1）压铸件镶嵌螺纹件的尺寸如图1-2-7所示，安装镶嵌件的凹槽尺寸如图1-2-8所示。

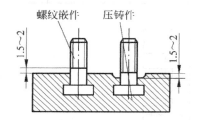

图1-2-7　压铸件镶嵌螺纹件的尺寸

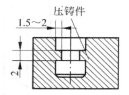

图1-2-8　安装镶嵌件的凹槽尺寸

（2）镶嵌件压铸件上滚花尺寸按表1-2-7选取，包住镶嵌件的压铸件最小厚度按表1-2-8选取。

表1-2-7　镶嵌件压铸件上滚花尺寸

嵌件直径/mm		≤8	>8~16	>16~22	>32
花纹间距/mm	直纹	0.8	1	1.2	1.2
	网纹	0.8	1	1.2	1.6

表1-2-8　包住镶嵌件的压铸件最小厚度

压铸件外径/mm	2.5	3	6	9	13	16	19	22	25
嵌件最大直径/mm	0.5	1	3	5	8	11	13	16	18
包含嵌件的金属最小壁厚/mm	1	1	1.5	2	2.5	2.5	3	3.5

六、压铸螺纹

1. 外螺纹压铸

由于压铸精度比机械加工差，需在外螺纹尺寸中留出0.2~0.3mm的加工余量。

2. 内螺纹压铸

通常先铸出底孔,再机械加工出内螺纹。

可压铸的螺纹最小螺距及最小螺纹半径与最大螺纹长度尺寸按表1-2-9选取。

表 1-2-9　可压铸的螺纹尺寸

合金种类	最小螺距/mm	最小螺纹半径/mm		最大螺纹长度(螺距的倍数)/mm	
		外螺纹	内螺纹	外螺纹	内螺纹
锌合金	0.75	6	10	8	5
铝合金	1.0	10	20	6	4
镁合金	1.0	6	14	6	4
铜合金	1.5	12		6	

七、文字

文字大小应大于 GB/T 1469—1993 规定的 5 号字,文字凸出高度大于 0.3mm,一般取 0.5mm;文字线条宽度为 1.5 倍文字凸出高度(常取 0.8mm),线条间距大于 0.3mm,脱模斜度为 $10°\sim15°$。

八、压铸件尺寸精度

1. 影响压铸件尺寸精度的因素

影响压铸件尺寸精度的主要因素有以下几种。

(1) 模具的制造精度。

(2) 开模和抽芯以及推出机构运动状态的稳定程度。

(3) 模具使用过程中的磨损量引起的误差。

(4) 模具的修理次数及其使用期限。

(5) 合金本身化学成分的偏差。

(6) 工作环境温度的高低。

(7) 合金收缩率的波动。

(8) 压铸工艺参数的偏差。

(9) 压铸机精度和刚度引起的误差。

2. 压铸件尺寸分类

压铸件尺寸分为高精度尺寸、严格尺寸及未注尺寸(也叫一般尺寸)三类。

3. 压铸件高精度尺寸公差值确定

(1) 高精度尺寸定义:指模具维修、加工及尺寸检测过程中严格控制且在模具结构上要消除分型面、活动成型及收缩率选用误差的尺寸。

(2) 精密压铸件尺寸公差值确定步骤。

① 计算压铸件空间对角线 $L_{空} = (a^2 + b^2 + c^2)^{0.5}$,$a$、$b$、$c$ 分别为铸件总长、总宽、总高,如图1-2-9所示。

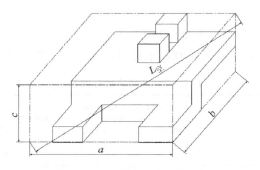

图 1-2-9　压铸件空间对角线

② 压铸件高精度尺寸按表 1-2-10 选取。

4．压铸件严格尺寸公差值确定

(1) 严格尺寸定义：要求在模具结构上消除分型面、活动成型部分及收缩率选用误差的尺寸。

(2) 压铸件严格尺寸公差确定步骤。

① 计算压铸件空间对角线 $L_{空} = (a^2 + b^2 + c^2)^{0.5}$，$a$、$b$、$c$ 分别为铸件总长、总宽、总高。

② 压铸件严格尺寸公差按表 1-2-11 选取。

5．压铸件未注尺寸公差值确定

(1) 未注尺寸(或一般尺寸)分类：分 A 类和 B 类尺寸。不受分型面、活动成型影响的尺寸为 A 类尺寸；反之，为 B 类尺寸。

(2) 未注尺寸精度：压铸工艺水平和保证条件好的尺寸，选 I 级精度。反之，选 II 级精度。

(3) 压铸件未注尺寸公差值确定步骤。

① 计算压铸件空间对角线 $L_{空} = (a^2 + b^2 + c^2)^{0.5}$，$a$、$b$、$c$ 分别为铸件总长、总宽、总高。

② 根据合金种类查相应压铸件未注尺寸公差，按表 1-2-12～表 1-2-15 选取。

6．压铸件尺寸偏差标注

(1) 不加工的配合尺寸，孔取 $^{+\delta}_{0}$，轴取 $^{0}_{-\delta}$。

(2) 需加工的配合尺寸，孔取 $^{0}_{-\delta}$，轴取 $^{+\delta}_{0}$；或孔和轴均取双向偏差($\pm\delta/2$)。

(3) (非配合尺寸)未注尺寸根据铸件结构需要，确定公差带位置取单向或双向，必要时调整其基本尺寸。

九、压铸件形状、位置精度

1．压铸件形状公差

压铸件整形前、后的平面度和直线度公差，按表 1-2-16 选取。

表 1-2-10　压铸件高精度尺寸公差推荐表（GB/T6414—1999）

基本尺寸/mm	空间对角线≤50mm			空间对角线>50～180mm			空间对角线>180～500mm			空间对角线>500mm	
	锌合金	铝、镁合金	铜合金	锌合金	铝、镁合金	铜合金	锌合金	铝、镁合金	铜合金	锌合金	铝、镁合金
～18	0.04	0.07	0.11	0.07	0.11	0.18	0.11	0.18	0.27	0.18	0.27
>18～30	0.05	0.08	0.13	0.08	0.13	0.21	0.13	0.21	0.33	0.21	0.33
>30～50	0.06	0.10	0.16	0.10	0.16	0.25	0.16	0.25	0.39	0.25	0.39
>50～80				0.12	0.19	0.30	0.19	0.30	0.46	0.30	0.46
>80～120				0.14	0.22	0.35	0.22	0.35	0.54	0.35	0.54
>120～180				0.16	0.25	0.40	0.25	0.40	0.63	0.40	0.63
>180～250							0.29	0.46	0.72	0.46	0.72
>250～315							0.32	0.52	0.81	0.52	0.81
>315～400							0.36	0.57	0.89	0.57	0.89
>400～500							0.40	0.63	0.97	0.63	0.97
>500～630										0.7	1.1
>630～800										0.8	1.25
>800～1000										0.9	1.4
>1000～1250										1.05	1.65

表 1-2-11　压铸件严格尺寸公差推荐表 (GB/T6414—1999)

基本尺寸/mm	空间对角线≤50mm			空间对角线>50~180mm			空间对角线>180~500mm			空间对角线>500mm	
	锌合金	铝、镁合金	铜合金	锌合金	铝、镁合金	铜合金	锌合金	铝、镁合金	铜合金	锌合金	铝、镁合金
~18	0.07	0.11	0.18	0.11	0.18	0.27	0.18	0.27	0.29	0.27	0.35
>18~30	0.08	0.13	0.21	0.13	0.21	0.33	0.21	0.33	0.32	0.33	0.43
>30~50	0.10	0.16	0.25	0.16	0.25	0.39	0.25	0.39	0.35	0.39	0.51
>50~80				0.19	0.30	0.46	0.30	0.46	0.38	0.46	0.6
>80~120				0.22	0.35	0.54	0.35	0.54	0.42	0.54	0.71
>120~180				0.25	0.40	0.63	0.40	0.63	0.47	0.63	0.82
>180~250							0.46	0.72	0.51	0.72	0.94
>250~315							0.52	0.81	0.55	0.81	1.06
>315~400							0.57	0.89	0.6	0.89	1.15
>400~500							0.63	0.97	0.63	0.97	1.21
>500~630										1.1	1.43
>630~800										1.25	1.62
>800~1000										1.4	1.85
>1000~1250										1.65	2.12

表 1-2-12　锌合金压铸件尺寸未注公差（长、宽、高、直径、中心距）（GB/T6414—1999）

基本尺寸/mm	空间对角线≤50mm				空间对角线>50~180mm				空间对角线>180~500mm				空间对角线>500mm			
	II级精度		I级精度		II级精度		I级精度		II级精度		I级精度		II级精度		I级精度	
	尺寸A	尺寸B	尺寸A	尺寸B	尺寸A	尺寸B	尺寸A	尺寸B	尺寸A	尺寸B	尺寸A	尺寸B	尺寸A	尺寸B	尺寸A	尺寸B
~18	0.11	0.21	0.09	0.19	0.14	0.29	0.11	0.21	0.17	0.37	0.14	0.29	0.22	0.47	0.17	0.37
>18~30	0.14	0.24	0.11	0.21	0.17	0.32	0.14	0.24	0.2	0.4	0.17	0.32	0.26	0.51	0.2	0.4
>30~50	0.16	0.26	0.13	0.23	0.2	0.35	0.16	0.26	0.25	0.45	0.2	0.35	0.31	0.56	0.25	0.45
>50~80					0.23	0.38	0.19	0.29	0.3	0.5	0.23	0.38	0.37	0.62	0.3	0.5
>80~120					0.27	0.42	0.22	0.32	0.35	0.55	0.27	0.42	0.44	0.69	0.35	0.55
>120~180					0.32	0.47	0.25	0.35	0.4	0.6	0.32	0.47	0.5	0.75	0.4	0.6
>180~250									0.45	0.65	0.36	0.51	0.6	0.85	0.45	0.65
>250~315									0.5	0.7	0.4	0.55	0.65	0.9	0.5	0.7
>315~400									0.55	0.75	0.45	0.6	0.7	0.95	0.55	0.75
>400~500									0.6	0.8	0.48	0.63	0.8	1.1	0.6	0.8
>500~630													0.9	1.2	0.7	0.9
>630~800													1	1.3	0.8	1
>800~1000													1.1	1.4	0.9	1.1
>1000~1250													1.3	1.6	1.1	1.3

表 1-2-13　铝、镁合金压铸件尺寸未注公差（长、宽、高、直径、中心距）（GB/T6414—1999）

基本尺寸/mm	空间对角线≤50mm				空间对角线>50~180mm				空间对角线>180~500mm				空间对角线>500mm			
	Ⅱ级精度		Ⅰ级精度		Ⅱ级精度		Ⅰ级精度		Ⅱ级精度		Ⅰ级精度		Ⅱ级精度		Ⅰ级精度	
	尺寸A	尺寸B	尺寸A	尺寸B	尺寸A	尺寸B	尺寸A	尺寸B	尺寸A	尺寸B	尺寸A	尺寸B	尺寸A	尺寸B	尺寸A	尺寸B
~18	0.14	0.24	0.11	0.21	0.17	0.32	0.14	0.24	0.22	0.42	0.17	0.32	0.25	0.55	0.22	0.42
>18~30	0.17	0.27	0.14	0.24	0.2	0.35	0.17	0.27	0.26	0.46	0.2	0.35	0.35	0.65	0.26	0.46
>30~50	0.2	0.3	0.16	0.26	0.25	0.4	0.2	0.3	0.31	0.51	0.25	0.4	0.4	0.7	0.31	0.51
>50~80					0.3	0.45	0.23	0.33	0.37	0.57	0.3	0.45	0.45	0.75	0.37	0.57
>80~120					0.35	0.5	0.27	0.37	0.44	0.64	0.35	0.5	0.55	0.85	0.44	0.64
>120~180					0.4	0.55	0.32	0.42	0.5	0.7	0.4	0.55	0.65	0.95	0.5	0.7
>180~250									0.6	0.8	0.45	0.6	0.75	1	0.6	0.8
>250~315									0.65	0.85	0.5	0.65	0.8	1.1	0.65	0.85
>315~400									0.7	0.9	0.55	0.7	0.85	1.1	0.7	0.9
>400~500									0.8	1.0	0.6	0.75	0.95	1.2	0.8	1.0
>500~630													1.1	1.4	0.9	1.1
>630~800													1.2	1.5	1	1.2
>800~1000													1.4	1.7	1.2	1.4
>1000~1250													1.6	1.9	1.3	1.5

表 1-2-14 锌合金压铸件尺寸未注公差（壁厚、筋、圆角）（GB/T6414—1999）

基本尺寸/mm	空间对角线≤50mm				空间对角线>50~180mm				空间对角线>180~500mm				空间对角线>500mm			
	II 级精度		I 级精度		II 级精度		I 级精度		II 级精度		I 级精度		II 级精度		I 级精度	
	尺寸 A	尺寸 B	尺寸 A	尺寸 B	尺寸 A	尺寸 B	尺寸 A	尺寸 B	尺寸 A	尺寸 B	尺寸 A	尺寸 B	尺寸 A	尺寸 B	尺寸 A	尺寸 B
~3	0.13	0.23	0.1	0.2	0.15	0.3	0.13	0.23	0.2	0.4	0.15	0.3	0.25	0.45	0.2	0.4
>3~6	0.15	0.25	0.12	0.22	0.2	0.35	0.15	0.25	0.25	0.45	0.2	0.35	0.3	0.5	0.25	0.45
>6~10	0.18	0.28	0.14	0.24	0.2	0.35	0.18	0.28	0.3	0.5	0.2	0.35	0.35	0.55	0.3	0.5

表 1-2-15 铝、镁合金压铸件尺寸未注公差（壁厚、筋、圆角）（GB/T6414—1999）

基本尺寸/mm	空间对角线≤50mm				空间对角线>50~180mm				空间对角线>180~500mm				空间对角线>500mm			
	II 级精度		I 级精度		II 级精度		I 级精度		II 级精度		I 级精度		II 级精度		I 级精度	
	尺寸 A	尺寸 B	尺寸 A	尺寸 B	尺寸 A	尺寸 B	尺寸 A	尺寸 B	尺寸 A	尺寸 B	尺寸 A	尺寸 B	尺寸 A	尺寸 B	尺寸 A	尺寸 B
~3	0.15	0.25	0.13	0.23	0.2	0.35	0.15	0.25	0.25	0.45	0.2	0.35	0.3	0.55	0.25	0.45
>3~5	0.2	0.3	0.15	0.25	0.25	0.4	0.2	0.3	0.3	0.5	0.25	0.4	0.4	0.6	0.3	0.5
>5~10	0.23	0.33	0.18	0.28	0.3	0.45	0.23	0.33	0.35	0.55	0.3	0.45	0.45	0.7	0.35	0.55

表 1-2-16　压铸件平面度和直线度公差

基本尺寸/mm	～25	>25～63	>63～100	>100～160	>160～250	>250～400	>400
整形前	0.2	0.3	0.45	0.7	1.0	1.5	2.2
整形后	0.1	0.15	0.2	0.25	0.3	0.4	0.5

2. 压铸件位置公差

（1）平行度、垂直度和倾斜度公差，按表 1-2-17 选取。

表 1-2-17　压铸件平行度、垂直度和倾斜度公差

被测表面的最大尺寸/mm	～25	>25～40	>40～63	>63～100	>100～160	>160～250	>250～400	>400～630
基准面与被测平面在同一半模内，且都是固定的	0.12	0.15	0.20	0.25	0.30	0.40	0.50	0.60
基准面与被测平面一个固定，一个是活动的	0.16	0.20	0.25	0.32	0.40	0.50	0.65	0.80
基准面与被测平面都是活动的	0.20	0.25	0.30	0.40	0.50	0.60	0.80	1.00

（2）同轴度和对称度公差，按表 1-2-18 选取。

表 1-2-18　压铸件同轴度和对称度公差

被测表面最大尺寸/mm	～30	>30～50	>50～120	>120～250	>250～500	>500～800
基准面与被测平面在同一半模内，且都是固定的	0.1	0.12	0.15	0.2	0.25	0.3
基准面与被测平面一个固定，一个是活动的	0.15	0.2	0.25	0.3	0.40	0.50

十、压铸件未注角度和锥度、表面粗糙度及加工余量设计

1. 压铸件未注角度和锥度公差

未注角度和未注锥度尺寸公差值按表 1-2-19 选取，偏差取 $\pm\delta/2$。

表 1-2-19　未注角度和未注锥度公差

公称尺寸/mm	精度等级				公称尺寸/mm	精度等级		
	1	2	3	4		1	2	3
1～3	1°30′	2°30′	4°	6°	>80～120	20′	30′	50′
>3～6	1°15′	2°	3°	5°	>120～180	15′	25′	40′
>6～10	1°	1°30′	2°30′	4°	>180～260	12′	20′	30′
>10～18	50°	1°15′	2°	3°	>260～360	10′	15′	25′

续表

公称尺寸	精度等级				公称尺寸	精度等级		
/mm	1	2	3	4	/mm	1	2	3
>18~30	40′	1°	1°30′	2°30′	>360~500	8′	12′	20′
>30~50	30′	50′	1°15′	2°	>500	6′	10′	15′
>50~80	25′	40′	1°	1°30′				

2. 表面粗糙度

(1) 填充条件良好,压铸件表面粗糙度一般比模具成型表面粗糙度低两级。

(2) 若是新模具,压铸件上可衡量的表面粗糙度应按国标 GB/T 13821—1992 要求,见表 1-2-20。

表 1-2-20 压铸件表面粗糙度

级别	使用范围	表面粗糙度 R_a/μm
1	工艺要求高的表面;电镀、抛光、研磨的表面;有相对运动的配合面;危险应力区表面	1.6
2	要求一般或要求密封的表面;阳极氧化以及装配接触面	3.2
3	保护性的涂覆表面及紧固接触面,油漆打腻表面、其他面	6.3

(3) 随着模具使用次数的增加,通常压铸件的表面粗糙度值会逐渐变大。

3. 加工余量

当压铸件的尺寸精度与形位公差达不到设计要求而需机械加工时,应优先考虑精整加工,以便保留其强度较高的致密层。若无精整加工,则在压铸成型后安排机械加工,平面机械加工余量值大小见表 1-2-21,铰孔机械加工余量见表 1-2-22。

表 1-2-21 平面机械加工余量(单面)

尺寸/mm	~30	>30~50	>50~80	>80~120	>120~180	>180~260	>260~360	>360~500
每面余量/mm	0.3	0.4	0.5	0.6	0.7	0.8	1.0	1.2

注:①待加工内表面尺寸以大端为基准,外端面尺寸以小端为基准。②机械加工余量取铸件最大尺寸与公称尺寸两个余量的平均值,如压铸件最大轮廓尺寸为 200mm,待加工表面尺为 100mm,则加工余量取 (0.8+0.6)/2 = 0.7mm。③直径小于 18mm 的孔,铰孔余量为孔径的 1%;大于 18mm 的孔,铰孔余量为孔径的 0.4%~0.6%,并小于 0.3mm。

表 1-2-22 铰孔单面余量 δ   (mm)

图 例	孔径 D	加工余量 δ
	≤6	0.05
	>6~10	0.10
	>10~18	0.15
	>18~30	0.20
	>30~50	0.25
	>50~80	0.30

十一、压铸件结构工艺性设计改进实例

1. 压铸件结构工艺性设计实例

压铸件结构工艺性原始设计与修改设计如图 1-2-10 所示。

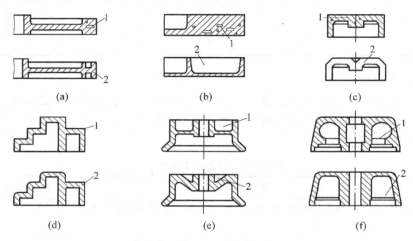

图 1-2-10　压铸件结构工艺性设计改进实例

1—原始设计；2—修改设计

2. 压铸件结构工艺性设计改进原因分析

图 1-2-10(a)、图 1-2-10(b)、图 1-2-10(c)中压铸件 1 处壁厚太大，产生气孔。需减薄壁厚，修改为 2 处的结构。

图 1-2-10(d)把压铸件两相交面尖角修改成圆角，否则在尖角处出现裂纹。

图 1-2-10(e)中的 1 处脱模斜度小，铸件脱模困难。

图 1-2-10(f)中压铸件圆弧孔处妨碍抽芯，修改后模具结构大为简化。

任务实施

抽屉拉手结构工艺性设计

1. 铸件壁厚

壁厚处面积为：$\pi \times 8^2 = 201 \text{mm}^2$。

查表，锌合金正常壁厚为 1.5mm。显然，铸件壁厚满足要求。

2. 圆角半径

查表，不等厚度处圆角半径：

$$r = (h_1 + h_2)/3 = (3 + 8)/3 \approx 4\text{mm}$$

3. 脱模斜度

查表，锌合金非配合面最小脱模斜度为 $15' \sim 45'$，取 $1°$。

4. 锌合金孔与边缘厚度

孔深 $\geqslant h/4 = 15/4 = 3.6\text{mm}$，而本铸件厚度为 4.5mm，满足要求。

5．孔径深度

查表，最小孔径 $d=1.5\text{mm}$，本铸件孔径 $d'=7\text{mm}$，大于最小孔径 d。

本铸件孔为盲孔，深 $=15\text{mm}$，查表知，孔径 $d>5\text{mm}$ 时，允许最大孔 $6d'=6\times7=42\text{mm}$。显然该压铸件孔径和孔深都满足压铸工艺性要求。

6．抽屉拉手尺寸精度

抽屉拉手所有尺寸在压铸后不再机械加工，材料为锌合金件，查表，取 Ⅱ 级精度；铸件空间对角线 34mm。

（1）尺寸 $\phi7$、15、$\phi16$、25 为 A 类尺寸，不受分型面和活动成型零件影响，查表得 $\phi7^{+0.11}_{0}$、$15^{+0.11}_{0}$、$\phi16^{0}_{-0.11}$、$25^{0}_{-0.14}$。

（2）尺寸 22 为 B 类尺寸，受分型面和活动成型零件影响，查表得：$22^{0}_{-0.27}$。

7．抽屉拉手形状、位置精度

查表得，抽屉拉手整形前、后的平面度和直线度公差分别为 0.3mm、0.15mm，抽屉拉手平行度、垂直度为 0.15mm，同轴度为 0.1mm。

8．抽屉拉手未注角度公差

查表得，抽屉拉手未注角度公差为 1°。

9．抽屉拉手表面粗糙度

抽屉拉手表面工艺要求较高，查表得其表面粗糙度为 $R_a=1.6\mu\text{m}$。

10．抽屉拉手机械加工余量

由于抽屉拉手所有表面都可以在压铸成型中达到图纸尺寸要求，故成型后不需要机械加工。

知识拓展

压铸件的缺陷原因及改善措施，见表 1-2-23。

表 1-2-23 压铸件的缺陷原因及改善措施

缺陷种类	缺陷特征	形成原因	改善措施
气孔	表面光亮的孔洞	模具浇道设计不合理或排气孔堵塞，合金浇入温度高，炉料或合金不净	增大内浇口，净化炉料，降低冲头速度，减少涂料，降低浇注温度
缩孔	表面粗糙暗色孔洞	铸件结构不良，压射压力小，浇注温度过高，余料饼太薄。	改进铸件结构，加大压射压力，浇注温度过高，增厚余料饼，降低浇注温度
气泡		浇注温度及模具温度过高，模具排气不畅	降低浇注温度及模具温度，修改模具排气系统
夹杂	铸件内外面有杂物	炉料或合金、模具不净；涂料中石墨夹杂多	确保炉料或合金、清理模具，拌匀涂料并净化

续表

缺陷种类	缺陷特征	形 成 原 因	改 善 措 施
冷隔浇不足	金属冷接、铸件形状不完整	浇注温度及模具温度过低,压射压力小,冲头速度小,浇口不合理	提高浇注温度及模具温度及压射压力和冲头速度,改进浇口设计
黏模	金属黏附模具表面	浇注温度及模具温度过高,脱模剂使用不当	降低浇注温度及模具温度正确;使用脱模剂

思考题

一、填空题

1. 压铸孔有_____和_____两方面要求。

2. 压铸件壁厚过厚易产生_____铸件质量,壁厚过薄造成铸件_____困难。

3. 压铸件壁厚原则是_____。

4. 压铸圆角的作用是_____。

5. 脱模斜度的作用是_____。

6. 高精度尺寸指的是_____。

7. 锌合金压铸件未注尺寸公差等级取_____。

二、判断题

1. 压铸件文字凸出高度一般大于 0.3mm。　　　　　　　　　　　　（　　）

2. 压铸件文字线条宽度一般取 0.1mm。　　　　　　　　　　　　　（　　）

3. 采用加强筋来保证薄壁铸件强度时,加强筋应布置在铸件最薄处。（　　）

4. 锌合金铸件压铸螺纹的最小螺距是 1mm。　　　　　　　　　　　（　　）

5. 压铸件的壁厚应尽量均匀一致,最大与最小壁厚比小于 5∶1。　　（　　）

6. 对带嵌件压铸件来说,应避免淬火处理。　　　　　　　　　　　（　　）

7. 压铸锌合金件长方形孔和槽的极限深度是 10mm。　　　　　　　（　　）

8. 消除单纯依靠加大壁厚而引起的气孔和收缩缺陷是加强筋作用之一。（　　）

9. 嵌件铸前需清理污秽,并预热,预热温度与模具温度相近。　　　（　　）

10. 铸件上受分型面、活动成型影响的尺寸为 A 类尺寸。　　　　　（　　）

任务三　抽屉拉手压铸机选择

任务引入

根据图 1-1-1 和图 1-1-2 所示的家具用抽屉拉手实体图和平面图,选择抽屉拉手压铸成型用压铸机。

任务操作流程

1. 根据铸件合金种类,初选压铸机类型(热、卧冷或立冷)。
2. 根据铸件、浇注系统在分型面总投影面积,初选压铸机型号。
3. 对所选压铸机进行容量校核。
4. 校核模具与压铸机(安装、定位、外形)尺寸及顶出力、顶出行程等。

教学目标

※**能力目标**

能够根据压铸件图和技术参数,正确选择压铸机型号。

※**知识目标**

1. 熟悉压铸机选择步骤。
2. 掌握压铸机的种类和应用特点。
3. 熟悉压铸机选用步骤和方法。

相关知识

一、锌合金用压铸机外形图及结构图

热压室压铸机外形图如图 1-3-1 所示;热压室压铸机结构图如图 1-3-2 所示。

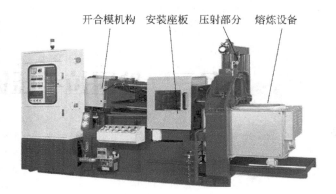

图 1-3-1　热压室压铸机外形

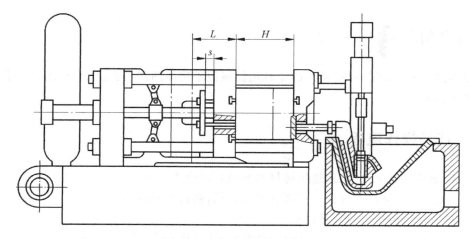

图 1-3-2　热压室压铸机结构

二、热压室压铸机压铸工作原理

热压室压铸机压铸工作原理图如图 1-3-3 所示。

压铸工作原理如下：

合金材料装入坩埚中，当合金材料融合成合金液后，由于压铸模型腔高于金属液液面，金属液不会自行流入型腔；压铸模闭合后，压射冲头（活塞）下移，压室内形成真空，在大气压作用下，金属液经过进口（进料孔）进入压室底部，经鹅颈通道进入压铸模型腔，填充型腔；当金属液充满型腔，并增压、保压补缩完成后，压铸件冷却固化成型；这时，冲头上移，压铸机推出机构运动，推出压铸件。

三、热压室压铸机结构特点

（1）操作程序简单，金属液自动进入压室，压射动作自动进行，生产效率高。

（2）金属液由压室自动进入型腔，金属液温度波动范围小。

（3）浇注系统较其他压铸机所消耗的金属材料少。

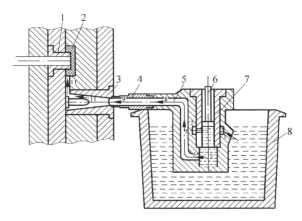

图 1-3-3　热压室压铸机工作原理图

1—模具型芯；2—模具型腔(铸件)；3—模具浇口套；4—压铸机喷嘴；

5—鹅颈通道；6—压射冲头；7—压室；8—压铸机坩埚

（4）金属液从液面下进入压室，杂质不易带入。

（5）压室和压射冲头长期浸在金属液中，易受腐蚀，缩短使用寿命，经长期使用会增加合金中的含铁量。

（6）压射比压较低。

（7）通常用于铅、锡、锌等低熔点合金，也用于镁合金浇注。

四、压铸机的选用

1. 选择压铸机应考虑的问题

（1）选择压铸机类型应结合压铸件合金种类。

（2）选择压铸机的结构应考虑压铸模浇注系统类型（是否是中心浇口）。

2. 压铸机选用原则

除需要满足铸件生产要求外，还应满足以下条件：

（1）压铸机锁模力：压铸时，高压金属液作用在分型面的胀型力≤0.8×压铸机锁模力。

（2）铸件重量：铸件重量小于压铸机压室一次浇铸的额定容量。

（3）模具尺寸：受压铸机允许模具厚度和开模距离限制。

（4）应考虑企业生产发展及压铸机价格与质量。

（5）应考虑压铸机厂商的售后服务。

3. 压铸机选择步骤

（1）根据压铸合金种类选择压铸机类型。

（2）根据压铸所需锁模力初选压铸机型号。

（3）对压铸机压室一次浇铸额定容量和开模距离等参数进行校核。

4. 压铸机锁模力的计算

（1）锁模力作用：为了克服压铸时高压合金液对模具型腔的反压力，锁紧模具动、定模两部分,防止金属液从分型面上飞溅出来,造成事故或影响压铸件质量。

（2）压铸机锁模力的计算公式为

$$F_锁 \geqslant 1.25 \times (F_主 + F_分)$$

式中,$F_锁$ 为压铸机许可的额定锁模力(kN);$F_主$ 为压铸时金属液对压铸模主胀型力(kN);$F_分$ 为压铸时金属液对压铸模分胀型力(kN)。

① 主胀型力的计算公式为

$$F_主 = A \times p$$

式中,$F_主$ 为主胀型力(N);A 为铸件在分型面上的总投影面积,一般增加 30% 作为浇注系统与溢流排气系统的面积(mm^2);p 为压射比压(MPa)。

② 分胀型力计算。斜导柱抽芯、斜滑块抽芯时,分胀型力的计算公式为

$$F_分 = \sum A_芯 \times p\tan\alpha$$

式中,$F_分$ 为分胀型力(N);$A_芯$ 是侧向活动型芯成型端面的投影面积(mm^2);p 为压射比压(MPa);α 为楔紧块的楔紧角(°)。

（3）压铸机压室容量的校核公式为

$$m_1 > \sum m = \frac{V_1 + V_2 + V_3}{1000}\rho$$

式中,m_1 为压铸机最大金属浇注量(kg);$\sum m$ 为压铸时浇入型腔及浇注系统、排溢系统的金属液的质量(kg);$V_1 + V_2 + V_3$ 为各压铸件体积及浇注系统、排溢系统余料体积之和;ρ 为合金密度(g/cm^3),锌合金为 6.3~6.7(g/cm^3)。

五、国产卧式热压室压铸机型号含义

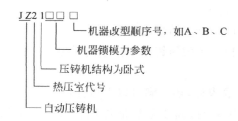

举例说明:

JZ213—表示锁模力为 250kN 的自动卧式热室压铸机。

J2110—表示锁模力为 1000kN 卧式热室压铸机。

六、部分国产卧式热压室压铸机技术参数及座板联系图

1. JZ213 热压室压铸机座板联系图及主要技术参数

JZ213 热压室压铸机座板联系图如图 1-3-4 所示,主要技术参数见表 1-3-1。

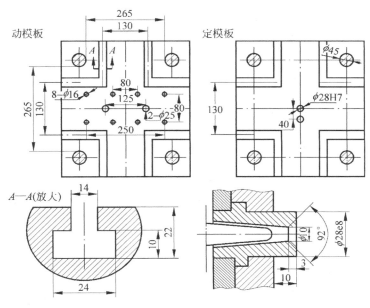

图 1-3-4　JZ213 热压室压铸机座板联系图

表 1-3-1　JZ213 热压室压铸机主要技术参数

名　称	数　值
锁模力/kN	250
推出力/kN	20
动模行程/mm	100
拉杆内间距/(mm×mm)	265×265
模具最大/最小厚度/mm	240/120
偏中心浇口距离/mm	40
压室直径/mm	45
压射行程/mm	95
最大金属浇注量(锌)/kg	0.5

2. JZ216 热压室压铸机座板联系图及主要技术参数

JZ216 热压室压铸机主要技术参数见表 1-3-2,座板联系图如图 1-3-5 所示。

表 1-3-2　JZ216 热压室压铸机主要技术参数

名　称	数　值
锁模力/kN	630
压射力/kN	70
液压顶出力/kN	50
动模座板行程/mm	250
拉杆内间距/(mm×mm)	320×320
模具最大/最小厚度/mm	400/150

续表

名　　称	数　　值
偏中心浇口距离/mm	50
压室直径/mm	55
液压顶出器顶出行程/mm	60
最大金属浇注量(锌)/kg	1.4

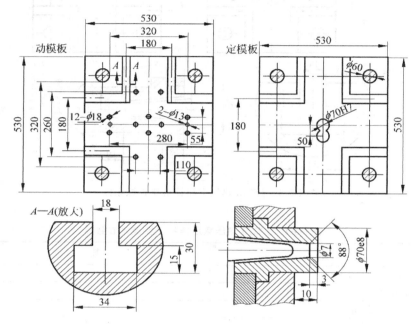

图 1-3-5　JZ216 热压室压铸机座板联系图

3. JZ2113 热压室压铸机座板联系图及主要技术参数

JZ2113 热压室压铸机主要技术参数见表 1-3-3,座板联系图如图 1-3-6 所示。

表 1-3-3　JZ2113 热压室压铸机主要技术参数

名　　称	数　　值
锁模力/kN	1250
压射力/kN	85
推出力/kN	100
动模行程/mm	350
拉杆内间距/(mm×mm)	420×420
模具最大/最小厚度/mm	500/250
偏中心浇口距离/mm	60
压室直径/mm	80
压射行程/mm	
最大金属浇注量(锌)/kg	3

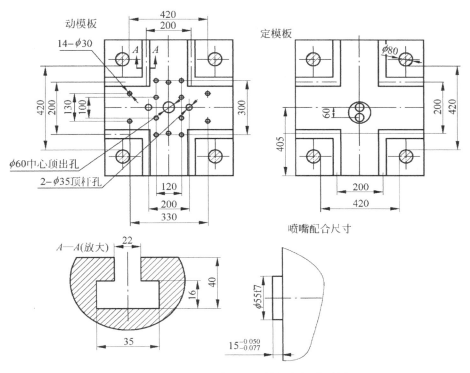

图 1-3-6　JZ2113 热压室压铸机座板联系图

任务实施

1. 选分型面,计算投影面积

抽屉拉手为对称零件,无侧抽芯无分胀型力,只有主胀型力,选压铸件尺寸 22 上端面做分型面,在 AutoCAD 中查到单个铸件在分型面上投影面积为 $A=452.4\text{mm}^2$,一模六腔,加上浇注系统(取 6 个型腔)在分型面总投影面积的 0.2~0.5 倍,取 0.3 倍,则铸件在分型面上总投影面积为 $A_{总}=1.3\times6\times452.4=3528.72\text{mm}^2$。

2. 选压射比压

据前面查到的压射比压 $p=40\sim50\text{MPa}$,选 50MPa,即 50N/mm^2。

3. 主胀型力的计算
$$F_主 = A_{总}\times p = 3528.72\times50 = 176\,436\text{N} = 176.4\text{kN}$$

4. 锁模力的计算
$$F_锁 = K\times F_主 = 1.25\times176.4 = 220.545\text{kN}$$

5. 初步选择抽屉拉手压铸模用压铸机

由于铸件为锌合金,故选热压室压铸机,模具非中心浇口,初选合模力为 250kN 的压力机,JZ213 型,压铸机主参数见表 1-3-1。

6. 铸件体积及质量

通过 UG 软件造型，得单个铸件体积 $V=5203.1mm^3=5.2cm^3$，锌合金液密度 $\rho=6.4g/cm^3$，单件质量为 $V\times\rho=5.2\times6.4=33.28g$。

7. 压铸机额定容量校核

由于抽屉拉手为锌合金，故选热压室压铸机，模具非中心浇口，初选合模力为 250kN 的压力机，JZ213 型，压铸机主参数见表 1-3-1。单个抽屉拉手体积 $V=5.2cm^3$，加上浇注系统的体积（经验估算为 6 个铸件的总体积的 0.2～1 倍，铸件小，取 0.6 倍），所需浇注体积 $V_\text{总}=6\times V+V_\text{浇}=6\times5.2+0.6\times5.2\times6=49.92cm^3$。

8. 压铸抽屉拉手所需金属液总重量 $M_\text{总}$

$$M_\text{总}=V_\text{总}\times\rho=49.92\times6.4=319.488g=0.32kg$$

JZ213 压铸机最大金属浇注量为 0.5kg，满足压室容量要求。

思考题

1. 压铸工作原理是什么？
2. 请简述 JZ216 型压铸机的型号含义。

任务四　压铸工艺参数与压铸成型工艺卡的填写

任务引入

根据图 1-1-1 和图 1-1-2 所示的家具用抽屉拉手实体图和平面图,确定抽屉拉手压铸成型工艺参数,填写抽屉拉手压铸成型工艺卡。

任务操作流程

1. 查表确定各压铸成型工艺参数。
2. 查表确定压铸涂料。
3. 将各压铸成型工艺参数及查涂料型号和任务三中所查压铸机型号填入压铸成型工艺卡中。

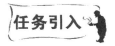

教学目标

※**能力目标**

能够根据压铸件结构和材料,查表确定压铸成型工艺参数,填写压铸成型工艺卡。

※**知识目标**

1. 掌握压铸成型工艺参数内容。
2. 熟悉压铸工艺参数的确定方法。

相关知识

一、压铸成型工艺参数

1. 压铸成型需要控制的关键参数

压铸成型需要控制的关键参数,包括压铸成型时的压射比压、速度、温度及时间。

2. 压铸工艺参数选择原则

(1) 结构复杂的厚壁压铸件压射力要大。

(2) 结构复杂的薄壁压铸件压射速度要快,浇注温度和模具温度要高。

(3) 形状一般的厚壁压铸件持压时间和留模时间要长。

3. 压射比压的选择

(1) 压射比压选择依据:根据压射件形状、尺寸、复杂程度、壁厚、合金的特性、温度及排溢系统等确定。

(2) 压射比压选择原则:一般在保证压铸件成型和使用要求的前提下选用较低的比压。

(3) 影响压射比压的因素见表 1-4-1。

(4) 常用压射比压见表 1-4-2。

表 1-4-1   影响压射比压的因素

因　　素		选择条件及分析
压铸件结构特性	厚　度	薄壁压铸件,压射比压可选低些; 厚壁压铸件,增压比压可选高些
	形状复杂程度	形状复杂的压铸件,压射比压可选高些
	工艺合理性	工艺合理性好,压射比压可选低些
压铸合金特性	结晶温度范围	结晶温度范围大,增压比压可选高些
	流动性	流动性好,压射比压可选低些
	密度	密度大,压射比压、增压比压可选高些
	压射比强度	压射比强度大,增压比压可选高些
浇注系统	流道阻力	流道阻力大,压射比压、增压比压可选高些
	流道散热速度	流道散热速度快,压射比压可选高些
排溢系统	排气槽分布	排气槽分布合理,压射比压可选高些
	排气槽截面积	排气槽截面积大,压射比压、增压比压可选低些
内浇道速度	要求内浇道速度	内浇道速度大,压射比压可选高些
温度	合金与压铸模温差	温差大,压射比压可选高些

表 1-4-2   常用的压射比压

合金种类	铸件壁厚≤3mm		铸件壁厚>3mm	
	结构简单	结构复杂	结构简单	结构复杂
锌合金	20.0～30.0	30.0～40.0	40.0～50.0	50.0～60.0
铝合金	25.0～35.0	35.0～45.0	45.0～60.0	60.0～70.0
镁合金	30.0～40.0	40.0～50.0	50.0～60.0	60.0～80.0

4. 充填速度

充填速度大小直接影响铸件内部和外观质量。充填速度过小会使铸件的轮廓不清,甚至不能成型。充填速度选择过大,会引起铸件黏型并使铸件内部气孔率增加,力学性能下降。

（1）选择充填速度应遵循的原则

① 对厚壁或内部质量要求较高的铸件,应选较低的充填速度和高的增压比压。

② 对薄壁或表面质量要求高的铸件及复杂铸件,应选较高的增压比压和高充填速度。

③ 合金的浇注温度较低、合金和模具材料的导热性能好、内浇道厚度较大时,也要选择较高的充填速度。

（2）常用压铸合金充填速度（见表 1-4-3）

表 1-4-3　常用压铸合金根据壁厚选择的充填速度

合金种类	简单厚壁压铸件/(m/s)	一般壁厚压铸件/(m/s)	复杂壁厚压铸件/(m/s)
锌合金	10～15	15	15～20
铝合金	10～15	15～25	25～30
镁合金	20～25	25～35	35～40
铜合金	10～15	15	15～20

5. 合金浇注温度

（1）合金浇注温度定义：金属液从压室进入型腔的平均温度,通常用保温炉内的温度表示,一般高于合金液相线 20～30℃。

（2）合金浇注温度对铸件质量的影响：浇注温度过高,合金收缩大,铸件容易产生裂纹,铸件晶粒粗大,造成脆性增加;浇注温度过低,易产生冷隔、表面流纹和浇不足等缺陷。

（3）常用压铸合金浇注温度见表 1-4-4。

表 1-4-4　常用压铸合金浇注温度

压铸件结构特点 浇注温度 / ℃ 合金种类	铸件壁厚≤3mm		铸件壁厚>3mm	
	结构简单	结构复杂	结构简单	结构复杂
锌合金	420～440	430～450	410～430	420～440

注：锌合金温度不宜超过 450℃,否则,结晶粗大变脆。

6. 压铸模具的温度

压铸模具的温度通常包括压铸模预热温度和压铸模工作温度。

（1）压铸模预热温度

① 压铸模预热温度定义：压铸开始前,将模具预热到一定的温度（150～200℃）。

② 压铸模预热温度作用：可避免高温合金液对冷的压铸模"热冲击",从而避免型腔因激热而胀裂,以延长压铸模使用寿命;还可避免液体金属在模具中因激冷而很快失去流动性,使铸件不能顺利充型,造成浇不足、冷隔、"冰冻"等缺陷,或即使成型也因激冷增大线性收缩,造成铸件裂纹等缺陷。

另外,可降低型腔中的气体密度,减少型腔中气体,可获得表面光洁、轮廓清晰、组织致密的铸件。

③ 压铸模预热温度见表1-4-5。

（2）压铸模工作温度

连续生产时，压铸模温度会不断吸热，温度往往会不断升高，这时应控制压铸模工作温度。

① 压铸模工作温度定义：指压铸模连续工作时的模具需要保持的温度。

② 压铸模工作温度对铸件质量的影响：工作温度过高，会产生黏膜，铸件推出时变形，模具运动部件卡死等问题。压铸件冷却缓慢，造成晶粒粗大影响其力学性能。

③ 压铸模工作温度见表1-4-5。

表 1-4-5　压铸锌合金压铸模预热温度及工作温度

合金种类	压铸件结构特点 温度	铸件壁厚≤3mm		铸件壁厚>3mm	
		结构简单	结构复杂	结构简单	结构复杂
锌合金	预热温度/℃	130～180	150～200	110～150	110～140
	连续工作保持温度/℃	180～200	190～220	140～170	150～200

7. 充填和持压时间

（1）充填时间

① 充填时间定义：金属液自开始进入型腔到填满型腔所需的时间。充填时间长短取决于铸件的体积、壁厚的大小及铸件形状的复杂程度。

② 充填时间对铸件的影响：对大而简单的铸件，充填时间要相对长些；对复杂和薄壁铸件充填时间要短些。当压铸件体积确定后，填充时间与内浇口速度和内浇口截面积之积成反比。

③ 铸件充填时间见表1-4-6。

表 1-4-6　铸件充填时间

铸件平均壁厚/mm	填充时间/s	铸件平均壁厚/mm	填充时间/s
1	0.010～0.014	5	0.048～0.072
1.5	0.014～0.020	6	0.056～0.064
2	0.018～0.026	7	0.066～0.100
2.5	0.022～0.032	8	0.076～0.116
3	0.028～0.040	9	0.088～0.136
3.5	0.034～0.050	10	0.100～0.160
4	0.040～0.060		

（2）持压时间

① 持压时间定义：从液态金属充填型腔到内浇道完全凝固时，继续再压射冲头的持续时间称为持压时间。持压时间长短取决于压铸件的材料和壁厚。

对于熔点高、结晶温度范围大的厚壁压铸件,持压时间应长些,对熔点低、结晶温度范围小的薄壁压铸件、持压时间可以短些。

② 锌合金生产中常用的持压时间见表1-4-7。

表 1-4-7 锌合金生产中常用的持压时间

铸件壁厚/mm	<2.5	2.5~6
持压时间/s	1~2	3~7

二、压铸用涂料

1. 压铸用涂料定义

压铸成型前对模具型腔、型芯表面、滑块、推出元件、压铸机的冲头和压室等所喷涂的润滑材料和稀释剂的混合物。

2. 压铸涂料的作用

(1) 为压铸合金和模具之间提供有效的隔离保护层,避免金属液直接冲刷型腔和型芯表面,改善模具的工作条件。

(2) 降低模具热导率,保持金属液的流动性,提高金属的成型性。

(3) 高温时保持良好的润滑性能,减少压铸件与模具成型部分尤其是型芯之间的摩擦,便于推出,延长模具寿命,提高压铸件的表面质量。

(4) 预防黏模(对铝合金、锌合金而言)。

3. 压铸涂料使用注意事项

(1) 使用涂料应特别注意用量,不论是涂刷还是喷涂,要避免厚薄不均或者太厚。

(2) 采用喷涂时,涂料浓度要加以控制。用毛刷涂刷后,应用压缩空气吹匀。

(3) 喷涂或涂刷后,应待涂料中的稀释剂挥发后才能合模浇注。

(4) 喷涂涂料后,应特别注意压铸模排气道的清理、避免因被涂料堵塞而起不到排气作用。对转折、凹角部位应避免涂料沉积,以免造成压铸件轮廓不清晰。

4. 常用锌合金压铸涂料

常用锌合金压铸涂料种类见表1-4-8。

表 1-4-8 常用锌合金压铸涂料种类

序号	名称	质量比	配置方法	用途
1	天然蜂蜡	—	成品	成型零件
2	DFY-1型水基涂料	成品,1:15	成品,加水稀释比1:10	冲头、成型零件、压室
3	机油			成型零件
4	30#或40#锭子油	—	成品	润滑
5	氧化锌水玻璃	ZnO 5%:水玻璃1.2%:水93.8%	将水与水玻璃一起搅拌,再加ZnO搅匀	冲头、压室及成型零件
6	石油松香	石油84:松香16		成型零件

三、压铸件的清理、浸渗处理

1. 压铸件清理

取出浇口、排气槽、溢流槽、飞边及毛刺。

2. 铸件浸渗处理

（1）铸件浸渗处理定义：对压铸件内部缺陷如气孔、针孔等压入密封剂（浸渗剂），使其具有耐压性（气密性、防水性）。

（2）常用浸渗处理方法：真空加压法。

任务实施

1. 抽屉拉手铸件壁厚

根据前面所选得抽屉拉手材料（锌合金）及铸件图分析，铸件结构形状简单，最小壁厚为 4.5mm。

2. 压射比压

锌合金一般压铸件，且需要电镀，采用热压室压铸机压射比压为 13～20MPa。

3. 充型速度

充型速度为 30～50m/s。

4. 浇注温度

铸件结构简单，平均壁厚＞3mm，查表，选择锌合金（含铝）浇注温度为 410～430℃。

5. 压铸模具预热温度

查表为 110～140 ℃。

6. 压铸模连续工作保持温度

查表为 140～170 ℃。

7. 开模时间

查表为 7～12s。

8. 压铸用涂料

查表得，锌合金压铸用涂料有天然蜂蜡；氧化锌 5％＋水玻璃 1.2％＋水 93.8％。由于铸件尺寸小，选 DFY-1 水基涂料。

9. 抽屉拉手压铸成型工艺卡的填写

将以上查得的工艺参数及涂料型号和任务三所选压铸机型号填入到表 1-4-9 所示的压铸成型工艺卡中。

表 1-4-9　抽屉拉手的压铸成型过程工艺卡

××压铸厂压铸工艺卡		产品名称	抽屉拉手	工序名称	压铸	文件编号		总 1 页
		产品编号	抽屉拉手	工序编号	压铸 20	版本编号 01	02	第 1 页

压铸机型号	JZ213
压铸模具编号	
压室规格/mm	φ45
料坯号	001
压射（室）位置	0.40
每模件数	6
浇铸质量/kg	0.319
压铸件单件质量/kg	0.03328
复位形式	ZZnA14
原材料	ZZnA14
涂料型号	DFY-1 水基涂料
涂料稀释比例	1:10
空循环周期	

零件图（全部 $\sqrt{1.6}$；尺寸 φ24、φ16、φ7±0.1、25、22、15）

操作要点：
1. 每班开始时预热压铸模具，先试模，待压铸件尺寸形状及表面质量符合要求后开始正常生产
2. 操作员必须 100% 进行压铸件表面质量自检，不允许存在欠铸、裂纹、多肉、缺肉、污痕、拉伤、黏模、冷隔、气泡等
3. 注意在内浇口和易黏模处喷涂料
4. 注意喷涂型芯，取件时注意保护压铸件
5. φ44 孔不允许存在拉伤，其余孔拉伤深度应小于 0.3mm
6. 压铸件必须整齐码放在工位器具内，压铸件之间用纸板隔开

序号	控制项目	大小	生产设备	特性	检查方法	每次检查量	检验频率	控制方法	反应计划
1	压射压力（比压）/MPa	40~50	压铸机		压力计	100%	连续	工序控制表	
2	充填型腔时压射位置	0			标尺	100%	连续	工序控制表	
3	充填型腔时充型速度/(m/s)	30~50			手轮圈数	100%	连续	工序控制表	隔离、通知领班
4	锌合金液浇注温度/℃	410~430			温度表	100%	连续	工序控制表	
5	压铸模具温度/℃	140~170	模温机		自动显示	100%	连续	自动控制	
6	充型时间/s	0.04~0.06			手轮圈数	100%	连续	工序控制表	
7	持型时间/s	3~8			自动计时器	100%	连续	自动控制	

更改根据		编制		会签	审核	批准
更改标记						
更改日期						

知识拓展

压铸模设计与制造工作流程，见表 1-4-10。

表 1-4-10 压铸模设计与制造工作流程

工作内容			责任部门	备注
模具设计制造前资料准备及分析	1	压铸件分析	设计部	
	2	压铸件成型工艺分析		
	3	模具合同与报价	销售部	顾客参与
	4	制订模具开发计划	生产部	
模具结构设计	5	压铸件测绘及 UG 三维造型	设计部	顾客参与
	6	模具材料选择		
	7	确定型腔数量及排列方式		
	8	确定模具外形尺寸		
	9	选择分型面		
	10	浇注与排溢系统设计		
	11	压铸件侧凹部分的处理		
	12	推出与复位机构的设计		
	13	成型零件设计		
	14	绘制模具装配图及零件图		顾客参与
模具制造	15	模具生产技术准备	生产部	采购部参与
	16	模具零件加工	模具车间	
	17	模具装配		
	18	模具安装调试		顾客确认

思考题

一、选择题

1. 合金浇注温度应结合铸件( )的结构复杂程度和壁厚查表确定。

　　A. 合金种类　　　B. 表面粗糙度　　C. 形位精度　　　　D. 尺寸精度

2. JZ216 型压铸机锁模力为( )kN。

　　A. 300　　　　　　B. 630　　　　　　C. 6300　　　　　D. 30

3. 压射冲头推动金属液移动的速度称为( )。

　　A. 充填速度　　　B. 内浇口速度　　C. 压射速度　　　D. 冲头速度

4. 金属液开始压射入模具型腔直至充型结束所需时间称为( )。

　　A. 持压时间　　　B. 充填时间　　　C. 建压时间　　　D. 留模时间

5. JZ213 为( )压铸机。

　　A. 卧式热压室　　B. 立式热压室　　C. 卧式冷压室　　D. 全立式冷压室

6. 校核压铸机压室容量的目的是（　　）。

    A. 确保铸件能够填满　　　　　　B. 确保铸件无裂纹

    C. 确保铸件无气孔　　　　　　　D. 确保铸件表面光亮

7. 实际生产中,卧式冷压室压铸机压室充满度一般在（　　）以上。

    A. 30%　　　　　B. 50%　　　　　C. 60%　　　　　D. 70%

二、填空题

1. 热压室压铸机工作原理是：_____。

2. J2113B 最大锁模力为_____ kN,为_____类型压铸机,进行第_____次重大结构改进。

3. 在压铸成型前,在压铸模的_____和_____部位要喷射涂料。

4、锁模力的作用是为了克服压铸时的_____,锁紧模具的_____。

5. 锁模力的大小与_____和铸件、浇注系统及排溢系统在分型面的_____有关。

6. 压射比压指在_____刚结束时,压射冲头作用于压室中_____单位面积上力。

7. 一般采用较高的充填速度,压铸件的_____质量更好。

8. 压射速度指_____的运动速度。充填速度一般通过_____调整来改变其大小。

9. 金属液从压室至填充型腔时的平均温度,称为_____。

10. 模具的工作温度是连续工作时_____需要保持的_____。而模具预热温度指的是开始前,模具加热的温度。

11. 持压时间是金属液充满型腔后,从_____到_____完全凝固为止所需时间。

12. 充填速度指的是_____在_____作用下通过_____进入型腔时的_____。

三、判断题

1. 涂料所必须具备的性能之一是挥发性好。　　　　　　　　　　　（　　）

2. 每台压铸机都有各自的特性曲线,指的是压力-压射速度曲线。　（　　）

3. 模具装配图技术要求中应标明模具最大外形尺寸。　　　　　　（　　）

4. 压射速度属于压铸工艺参数。　　　　　　　　　　　　　　　（　　）

5. JZ2113 型号压铸机为热压室压铸机,其锁模力大小为 300kN。　（　　）

6. 锌合金熔点较低,采用立式冷压室压铸机来成型。　　　　　　（　　）

7. 热压室压铸机生产率很高,适合生产的低熔点合金是锌合金。　（　　）

8. 在确定压铸机型号时,锁模力大小满足就可以,不需要进行容量校核。（　　）

9. 金属液自压室进入型腔的平均温度称为工作温度。　　　　　　（　　）

四、分析题

1. 请分析说明压铸机型号 J213 的含义。

2. 有一锌合金压铸件图如图 1-4-1 所示,假设一出二,请选择压铸机型号。

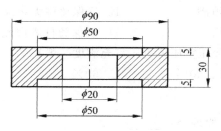

图 1-4-1　锌合金铸件

任务五　抽屉拉手压铸模结构

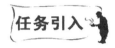

任务引入

根据图 1-1-1 和图 1-1-2 所示的家具用抽屉拉手实体图和平面图,完成其压铸模结构设计。要求压铸成型材料为锌合金。

任务操作流程

1. 根据热压室压铸机压铸模图,说明压铸模的组成。
2. 根据热压室压铸机压铸模图,分析压铸模结构特点。

教学目标

※**能力目标**
能够设计热压室压铸机用模具结构。
※**知识目标**
熟悉热压室压铸机用模具基本结构。

相关知识

一、热压室压铸机压铸模基本结构

按压铸模在生产过程中有无开、合模运动,压铸模主要分为定模和动模两个部分。

1. 定模部分
定模与压铸机压射机构连接,并固定在定模安装板上,浇注系统与压室相通。

2. 动模部分
动模则安装在压铸机的动模安装板上,随动模安装板移动而与定模合模或开模。

3. 热压室压铸机压铸模的基本结构

热压室压铸机压铸模的基本结构如图 1-5-1 所示。

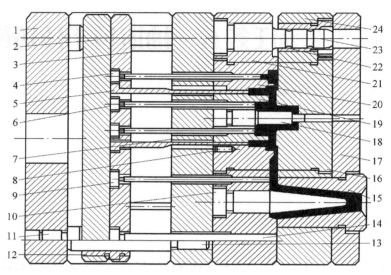

1—动模座板；2—推板；3—推杆固定板；4、6、9—推杆；5—推管；7—支承板；8—止转销；10—分流锥；
11—限位钉；12—推板导套；13—推板导柱；14—复位杆；15—浇口套；16—定模镶块(模仁)；17—定模座板；
18、19—型芯；20—动模镶块(模仁)；21—动模套板；22—导套；23—导柱；24—定模套板

图 1-5-1　热压室压铸机压铸模

二、热压室压铸机压铸模基本结构组成

按各结构单元功能,压铸模分为 9 个部分。

1. 浇注系统

浇注系统指连接模具型腔和压铸机压室的部位,引导金属进入型腔的通道。如浇口套 15、动模镶块 20、定模镶块 16。

2. 成型部件

成型部件指决定压铸件几何形状和尺寸精度的部位。定模镶块和动模镶块合拢后,构成型腔的零件称为成型零件,包括固定的和活动的型腔镶块和型芯。如动模镶块 20、定模镶块 16、型芯 18、19。

3. 推出及复位机构

推出及复位机构是将压铸件从模具中推出的机构,包括推出、复位零件,还包括这个机构自身的导向和定位零件。如推板 2、推杆固定板 3、推杆 4、6、9、推板导套 12、复位杆 14、推板导柱 13。

4. 排溢系统(溢流系统和排气系统)

排溢系统是排除浇道和型腔中的气体及存储前端冷金属及涂料灰烬的通道,包括排气槽和溢流槽,一般开设在成型零件上。

5. 导向零件

导向零件是引导动、定模在开合模时可靠地按照一定方向进行运动的零件。如导柱23、导套22。

6. 支承部分

支承部分是将模具各部分按一定的规律和位置加以组合和固定,并使模具能够安装到压铸机上。如动模座板1、支撑板7、动模套板21、定模套板24、定模座板17。

7. 标准件

标准件主要指紧固件、定位件。

8. 冷却加热系统

冷却加热系统主要功能是使模具温度保持平稳。

9. 其他装置

如故障报警、压铸过程监控、自动浇注、喷涂、取件等装置。

三、热压室压铸机压铸模结构特点

(1) 浇口套中心可与压铸模中心重合,也可偏离压铸模中心;但压铸模中心一般与压铸机中心重合。

(2) 压铸机喷嘴位置可上下变动,既可与压铸机固定座板中心同轴也可偏离压铸机固定座板中心;偏心距查压铸机技术参数。

(3) 无论压铸机喷嘴上下位置如何变动,设计压铸模时注意保证压铸模浇口套中心与压铸机喷嘴始终重合。

(4) 压铸模中心一般与压铸机中心重合。

(5) 压铸模定位:浇口套端面凸出压铸模定模座板面,与压铸机座板孔间隙配合。

(6) 浇口套15内部为锥形,在动模镶块上设分流锥10,其作用如下:

① 易于将直浇道中的余料从定模中脱出;

② 稳定料流减少合金液的流动阻力;

③ 分流增压,便于将铸件压密、压实。

🐚 任务实施

本部分主要针对抽屉拉手压铸模结构进行分析。

由于所选压铸机为热压室压铸机,故压铸模结构可以为热压室压铸机压铸模,浇口套可偏离模具中心,也可同轴布置。抽屉拉手压铸模结构如图1-5-2所示。

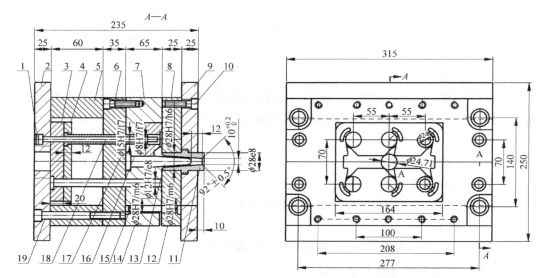

1—顶丝(丝堵)；2—动模座板(底板)；3—推板；4—推杆固定板；5—垫高块；6—支承板(托板)；
7—动模板(B板)；8—定模板(A板)；9—定模座板(面板)；10—内之角螺钉；11—浇口套；12—A型导柱；
13—分流锥；14—A型导套；15—复位杆；16—动模镶块(模仁)；17—推管；18—型芯；19—内六角螺钉

图 1-5-2　抽屉拉手压铸模

任务六 抽屉拉手压铸模与压铸机联系

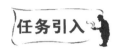 **任务引入**

根据图 1-1-1 和图 1-1-2 所示的家具用抽屉拉手实体图和平面图,完成该压铸模与任务三所选(JZ213 型)压铸机的联系。要求压铸成型材料为锌合金。

任务操作流程

1. 压铸模与压铸机的定位。
2. 压铸模与压铸机的安装。
3. 压铸模外形尺寸与压铸机关系。
4. 压铸模顶出力及顶出行程与压铸机关系。

教学目标

※**能力目标**

能看懂所选压铸机座板联系图和主要技术参数,确定压铸模与压铸机的联系尺寸。

※**知识目标**

掌握压铸机与压铸模的联系。

相关知识

一、压铸模与压铸机定位

(1)浇口套端部凸出模具定模座板端面,长 10～15mm,其外径等于压铸机上的固定座板定位孔径,配合。

(2)压铸机喷嘴球面(半径 r)与浇口套凹形球面(半径 R)配合并密封,两者关系是:$R=r+(1～2)$。

（3）压铸机喷嘴小孔直径 d 与浇口套主流道小端直径 D 配合并密封,两者关系是:$D=d+(0.5\sim 1)$。

二、压铸模与压铸机安装

模具用螺栓安装时,模具的定、动模座板上设计出"U"型槽。"U"型槽宽等于压铸机座板"T"型槽宽;"U"型槽间距等于压铸机的座板的"T"型槽间距。

三、压铸模外形尺寸与压铸机的联系

1. 模具长、宽与压铸机(拉杆间距)关系

从压铸机的使用说明书中查看技术参数,判断模具最大外形尺寸:

$$长 \leqslant 模板尺寸$$
$$宽 \leqslant 拉杆间距-(5\sim 10)$$

2. 模具总高度 H 与压铸机允许模具厚度关系

模具总高长 H 与压铸机允许模具厚度关系如下:

$$H_{min}+(5\sim 10) \leqslant H \leqslant H_{max}-(5\sim 10)$$

式中,H 为模具合模后的总高度;H_{min} 为压铸机允许的模具最小厚度;H_{max} 为压铸机允许的模具最大厚度。

四、压铸机动模行程与压铸件所需最小开模距离 L_k 关系

（1）L_k 小于压铸机动模行程。

（2）L_k 开模后取出压铸件和浇注系统的最小距离(视模具结构和压铸件尺寸而定)。

五、压铸机额定顶出行程与压铸件所需推出行程的关系

压铸机额定顶出行程大于压铸件所需推出行程。

六、估算所需的开模力和推出力

所需的开模力和推出力应小于所选压铸机的最大开模力和推出力。

▶任务实施

1. JZ213 热压室压铸机座板联系图及主要技术参数

根据任务三所选抽屉拉手压铸机型号为 JZ213,其主要技术参数见表 1-6-1,座板联系如图 1-6-1 所示。

表 1-6-1　JZ213 型热压室压铸机主要技术参数

名　称	数　值
锁模力/kN	250
压射力/kN	30
推出力/kN	20
拉杆内间距(水平×垂直)/(mm×mm)	265×265
压射位置/mm	0、40
合模行程/mm	100
压铸模厚度/mm	120～240

续表

名　　称	数　　值
压室直径/mm	$\phi 45$
偏中心浇口距离/mm	40
拉杆直径/mm	45
最大金属浇铸量(Zn)/kg	0.5
铸件最大投影面积(cm²)	138

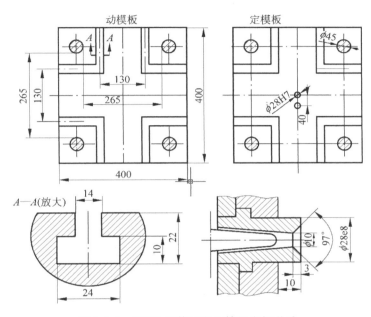

图 1-6-1　JZ213 型热压室压铸机座板联系

2. 抽屉拉手压铸模定位

模具浇口套凸出模具部分用于与压铸机的座板孔定位,尺寸为 $\phi 28e8$,定位长 10mm。

3. 抽屉拉手压铸模安装

压铸机的座板"T"型槽宽 14mm,"T"型槽间距 130mm。这样模具用螺栓安装时,在模具的定、动模座板上设计出宽为 14mm 的"U"型槽,"U"型槽间距＝压铸机的座板的"T"型槽间距＝130。

4. 抽屉拉手压铸模外形尺寸与 JZ213 压铸机的关系

(1) 抽屉拉手压铸模长、宽与压铸机(拉杆间距)关系

从压铸机的使用说明书中查看技术参数,判断模具最大外形尺寸:

长＜模板尺寸 400mm

宽＜拉杆间距 265－10＝255mm

现压铸模长、宽尺寸为 315mm×250mm,所选压铸机满足要求。

(2) 抽屉拉手压铸模总高度 H 与压铸机关系

$$H_{min} + (5 \sim 10) \leqslant H \leqslant H_{max} - (5 \sim 10)$$

当压铸机允许的最小模厚 $H_{min} = 120mm$，最大模厚 $H_{max} = 240mm$ 时，

$$120 + (5 \sim 10) \leqslant H \leqslant 240 - (5 \sim 10)$$

$$125 \leqslant H \leqslant 235$$

现模具总高度 $H = 235mm$，满足要求。

5. 抽屉拉手压铸模开模行程与压铸机开模距离关系

当 $L_k \leqslant$ 压铸机动模行程时，查得 JZ213 压铸机动模行程 $= 100mm$，压铸模所需开模最小距离 $L_k =$ 铸件高度 $25 +$ 推出行程 $+ (5 \sim 10) = 25 + 25 + (5 \sim 10) = 55 \sim 60mm$，$L_k(55 \sim 60mm) \leqslant$ 压铸机动模行程$(100mm)$，故 JZ213 压铸机满足开模要求。

6. 抽屉拉手压铸模所需脱模力 F_t 与压铸机顶出力 F 关系

$F_t = 1.61(kN) < F = 20kN$，所选压铸机满足顶出要求。

知识拓展

压铸模报价单，见表 1-6-2。

表 1-6-2 压铸模报价单

供货方：××五金塑料有限公司			提货方：		
负责人：刘总经理			收件人：		
电话：020—××××××××			电话：		
手机：			手机：		
传真：020—××××××××			传真：		
E-mail：			E-mail：		
模具结构特点					
压铸件名称：门把手			压铸件图号：		
压铸合金：锌合金			型腔数：一模四腔		
型腔材料：H13			模具寿命：10 万次		
模框材料：QT-500			结构特点：一般		
加工工艺过程：粗加工→淬火→精加工→研磨→抛光→试模→去应力					
模具报价（单价）：￥20000　　　（单位：人民币元）					
模具总价：贰万元整　　　　　￥2 万元					
加工费	机加工		数控加工	0.1 万	线切割	0.03 万
			电火花	0.04 万	普通机加工	0.1 万
	其他加工		钳工装配	0.1 万	热处理	0.03 万
材料费	模架			0.2 万	标准件	0.05 万
	型腔（含浇口套、分流锥、型芯）			0.15 万	电镀	0.1 万
设计费	0.1 万	管理费	0.045 万	利润	0.24 万	税金	12%
其他费用（试模费、运输费、备件、差旅费等）				0.04 万		
付款方式	预付 50%，提模前 40%，余款 10%（提模后一个月内付清）					
交货期	设计	7 天	制造	25 天	试模	3 天	共 35 天
备　　注	交货期以收到预付款之日起开始计算					

思考题

一、选择题

1. 压铸模长、宽受到压铸机(　　)尺寸的限制。
　　A. 拉杠内间距　　B. 开模行程　　C. 定模座板　　　D. 顶出行程
2. 压铸模闭合总厚度受到压铸机(　　)尺寸的限制。
　　A. 允许的最大、最小模具厚度　　B. 动模板行程
　　C. 拉杠内间距　　　　　　　　　D. 顶出行程
3. 热压室压铸机压铸模与压铸机之间通过(　　)方式定位。
　　A. 浇口套外径与压铸机座板孔配合
　　B. 模具定模座板孔与压室配合
　　C. 模具定模座板孔与喷嘴配合
　　D. 不需要定位
4. 热压室压铸模结构特点之一是：压铸模(　　)中心与压铸机喷嘴始终重合。
　　A. 浇口套　　　B. 浇道　　　C. 模板　　　　D. 推杆

二、填空题

1. 热压室压铸机压铸模特点：①_____；②_____；③_____；
④_____。
2. 压铸模由_____和_____两部分组成。
3. 热压室压铸机压铸模直浇道为锥孔,为稳定料流,压实压铸件,在直浇道对面一般带有_____零件。
4. 压铸模推出铸件所需推出力应_____所选压铸机最大顶出力。
5. 压铸模推出铸件所需推出行程应_____所选压铸机最大顶出行程。

三、综合分析题

1. 已知某锌合金压铸模所选模架,为 300mm×250mm×260mm,所选压铸机型号为 JZ2113,请校核该模具能否顺利安装在 JZ2113 压铸机上,写出校核过程。
2. 已知某锌合金压铸模在推出机构设计时,推出行程为 100mm,推出力为 80kN,所选压铸机型号为 JZ216,请校核该压铸机能否顺利推出铸件,写出校核过程。
3. 已知铸件高度为 85mm,推出行程为 65mm,设计压铸模时所选压铸机型号为 JZ2113,请校核该压铸机开模行程是否足够？如果不够,生产中会造出什么结果？写出校核过程。

任务七　抽屉拉手压铸模分型面选择

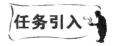

任务引入

根据图 1-1-1 和图 1-1-2 所示的家具用抽屉拉手实体图和平面图,选择抽屉拉手压铸模分型面。要求压铸成型材料为锌合金。

任务操作流程

1. 根据分型面选择原则,确定分型面方案。
2. 分析各分型面方案对压铸件质量的影响。
3. 根据压铸件技术要求,选择最优分型面。

教学目标

※能力目标

1. 能够根据分型面选择原则及压铸件技术要求,选择压铸件分型面。
2. 能够对不同分型面方案进行比较。

※知识目标

熟悉分型面选择原则。

相关知识

一、分型面选择

分型面选择基本原则如下:

(1) 选在铸件最大轮廓尺寸处,以便脱模。

(2) 尽可能地使压铸件在开模后留在动模部分。

（3）有利于浇注系统、溢流排气系统的布置。

（4）保证压铸件尺寸精度和表面质量。

（5）简化模具结构、便于模具加工。

（6）避免压铸机承受临界载荷。

（7）避免使用定模抽芯机构。

二、典型压铸件分型面选择分析实例

典型压铸件分型面选择分析实例见表 1-7-1。

表 1-7-1　典型压铸件分型面选择分析

基本原则	示　例	分　析
机械加工面可以作为分型面，保证压铸件随动模移动	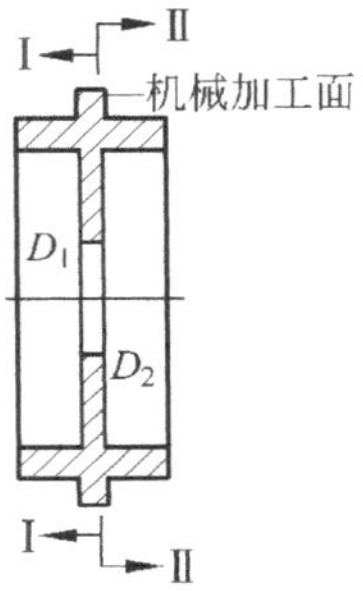	选择机械加工面作为分型面，容易控制尺寸精度和去除飞边毛刺 Ⅰ—Ⅰ分型方案和Ⅱ—Ⅱ分型方案根据包紧力大小确定。比较两端型芯 D_1 和 D_2 的包紧力大小，将包紧力大曲型芯置于动模，保证压铸件移动模移动脱离定模，如果大小相等，则需要借助辅助装置迫使压铸件脱离定模
尽量减少使用侧轴芯	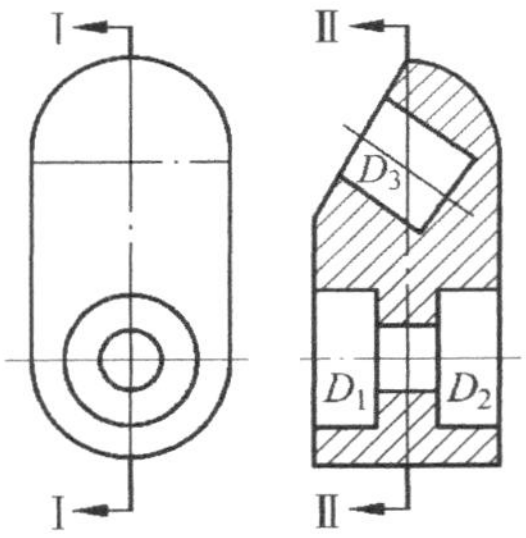	Ⅰ—Ⅰ分型方案需要设置三个侧轴芯机构（D_1、D_2、D_3），生产概率低 Ⅱ—Ⅱ分型方案只需一个斜轴芯机构（D_3），还可一轴多腔，用于大批量的小件生产
避免使压铸模具出现易损部位	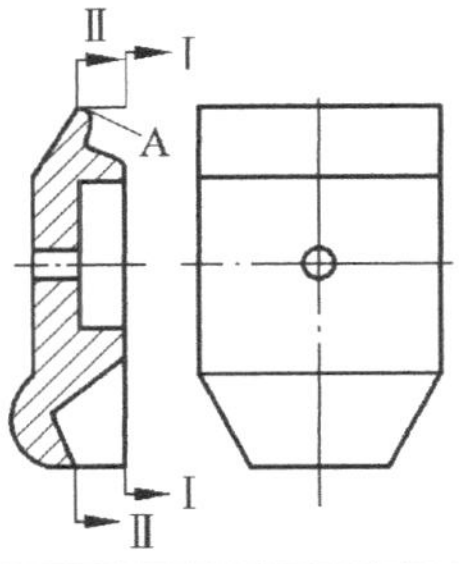	Ⅰ—Ⅰ分型面平整。有利于机械加工，但在 A 处形成较大的尖角易损坏，影响压铸模使用寿命 Ⅱ—Ⅱ分型方案增加机械加工工作量，但压铸模具结构合理，消除了尖角易损部位，但加工及铸造工艺性都较好

任务实施

根据分型面设计原则，选择尺寸最大处，如图 1-7-1 所示，三种分型面方案比较如下。

方案Ⅰ：

铸件一部分型腔放定模，另一部分型腔和型芯放动模中，外圆 $\phi24$、$\phi16$ 与孔 $\phi7$ 同轴度难以精确保证。在尺寸 22 上端面有飞边，铸件表面质量相对好。本铸件同轴度不能够保证，但外观质量较好，这种方案相对合理。

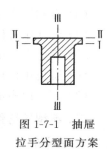

图 1-7-1　抽屉拉手分型面方案

方案Ⅱ：

铸件全部型腔、型芯放入一块模板中，铸件同轴度精确，但外表面有飞边，影响外观质量，这种方案不合理。

方案Ⅲ：

铸件一部分型腔放定模，另一部分型腔和型芯放动模，模具增加侧抽芯机构，模具相对复杂，且在过铸件轴线的中心面上有飞边，方案不合理。

综合上述，选择方案Ⅰ作抽屉拉手分型面。

思考题

分型面选择原则有哪些？

任务八　抽屉拉手压铸模内浇口设计

任务引入

根据图 1-1-1 和图 1-1-2 所示的家具用抽屉拉手实体图和平面图,完成抽屉拉手压铸模内浇口设计。要求压铸成型材料为锌合金。

任务操作流程

1. 查表确定内浇口厚度 h_g。
2. 查表确定内浇口宽度 B_g。
3. 查表确定内浇口长度 L_g。
4. 根据压铸件形状,绘制压铸模型腔及内浇口布置图。

教学目标

※能力目标
能够结合压铸件图,设计压铸模模内浇口。
※知识目标
掌握压铸模内浇口截面形状及尺寸设计。

相关知识

一、热压室压铸机压铸模浇注系统组成
热压室压铸机压铸模浇注系统组成如图 1-8-1 所示。
二、设计浇注系统需考虑的因素
(1)压铸件结构特点。
(2)技术要求。

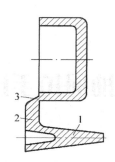

1—直浇道；2—横浇道；3—内浇口

图 1-8-1　热压室压铸机压铸模浇注系统

（3）合金种类及其特性。

（4）压铸机类型及特点。

三、内浇口作用及设计内容

1. 内浇口作用

根据压铸件的结构、形状、大小，将金属液以最佳流动状态引入型腔，以获得优质压铸件。

2. 设计内容

确定内浇口位置、截面形状和尺寸。

四、内浇口设计的原则

（1）有利于压力传递，一般设在压铸件厚壁处。

（2）有利于型腔排气和浇注。

（3）薄壁复杂压铸件用较薄的内浇口，以保证较高的充填速度；一般结构压铸件用较厚内浇口，使金属液流动平稳。

（4）金属液进入型腔后不能正面冲击型芯，以减少动能损耗，防止型芯冲蚀。

（5）应使金属液充填型腔时的流程尽可能短，以减少金属液的热量损失。

（6）内浇道的数量以单道为主，以防止多道金属液进入型腔后从几路汇合，相互冲击，产生涡流、裹气和氧化夹渣等缺陷。

（7）压铸件上精度、表面粗糙度要求较高且不加工的部位，不宜设置内浇道。

（8）内浇道的设置应便于切除和清理。

五、内浇口位置选择依据

（1）一般设置在厚壁处，有利于金属液充满型腔后补缩流的压力传递。

（2）保证金属液先充填型腔深、难以排气部位，避免过早封住分型面，使排气顺畅。

（3）避免金属液正面冲击型芯和型腔。

（4）根据铸件技术要求，精度要求高、表面粗糙度值低且壁要加工的部位，不宜布置内浇口，以防去除浇口后留下痕迹。

（5）少用分浇口，减少金属液汇流。

（6）使流程尽量短，流向改变少。

（7）考虑内浇口的去除。

六、压铸模内浇口设计方案实例

压铸模内浇口设计方案实例如图 1-8-2 所示。

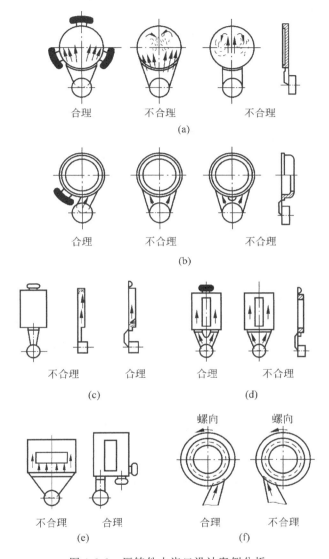

图 1-8-2　压铸件内浇口设计案例分析

七、常用内浇口、侧浇口形式和位置及用途

侧浇口是常见的浇口形式，用于多数形状的铸件，浇口去除方便。侧浇口位置如图 1-8-3 所示。

八、热压室压铸机单型腔内浇口形式及布置

热压室压铸机单型腔内浇口形式及布置如图 1-8-4 所示。

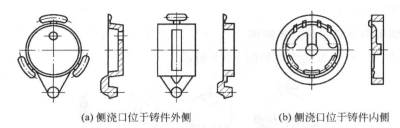

(a) 侧浇口位于铸件外侧　　　　　(b) 侧浇口位于铸件内侧

图 1-8-3　侧浇口位置

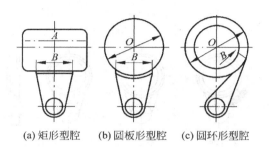

(a) 矩形型腔　　(b) 圆板形型腔　　(c) 圆环形型腔

图 1-8-4　热压室压铸机单型腔内浇口形式及布置

九、热压室压铸机多型腔内浇口形式及布置

1. 热压室压铸机圆形多型腔内浇口形式及布置

热压室压铸机圆形多型腔内浇口形式及布置如图 1-8-5 所示。

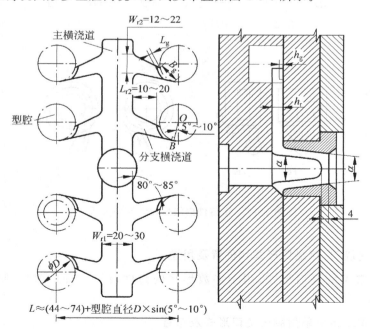

图 1-8-5　热压室压铸机圆形多型腔内浇口形式及布置

2. 热压室压铸机矩形多型腔内浇口形式及布置

热压室压铸机矩形多型腔内浇口形式及布置如图 1-8-6 所示。

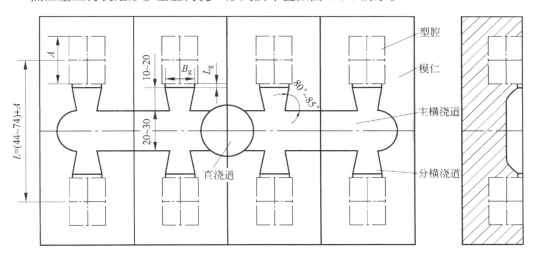

图 1-8-6 热压室压铸机矩形多型腔内浇口形式及布置

十、常用内浇口（侧浇口）截面形状

常用内浇口（侧浇口）截面形状为矩形。

十一、内浇口截面积 A_g 计算

内浇口截面积 A_g 计算采用经验公式：

$$A_g = \frac{G}{\rho v_g \tau_g}$$

式中，A_g 为内浇口面积（mm²）；ρ 为金属液密度，锌合金 6.4g/cm³，铝合金 2.4g/cm³，镁合金 2.4g/cm³；v_g 为浇口处充填速度（m/s）见表 1-8-1；τ_g 为充填时间（s），见表 1-8-1；G 为压铸件的质量（g）。

表 1-8-1 金属液充填时间 τ_g 与充填速度 v_g 推荐值

铸件平均壁厚 δ/mm	充填时间 τ_g/s	充填速度 v_g/(m/s)	铸件平均壁厚 δ/mm	充填时间 τ_g/s	充填速度 v_g/(m/s)
1	0.01～0.014	46～55	5	0.048～0.072	32～40
1.5	0.014～0.02	464～53	6	0.056～0.084	30～37
2	0.018～0.026	42～50	7	0.066～0.1	28～34
2.5	0.022～0.032	40～48	8	0.076～0.116	26～32
3	0.028～0.04	38～46	9	0.088～0.138	24～29
3.5	0.034～0.05	36～44	10	0.1～0.16	22～27
4	0.04～0.06	34～42			

十二、内浇口尺寸设计

1. 内浇口厚度尺寸 h_g

内浇口厚度尺寸 h_g 见表 1-8-2。

一般 $0.15 \leqslant h_g \leqslant 0.5 \times$（相连的压铸件壁厚）。$h_g$ 过小，浇口处合金液凝固过快，铸件内部组织疏松；h_g 过大，铸件轮廓不清，内浇口切除困难。

表 1-8-2 内浇口厚度尺寸 h_g 经验数据表

铸件壁厚 b/mm	0.6～1.5		>1.5～3		>3～6		>6
合金种类	复杂件	简单件	复杂件	简单件	复杂件	简单件	
	内浇道厚度/mm						
锌合金	0.4～0.8	0.4～1.0	0.6～1.2	0.8～1.5	1.0～2.0	1.5～2.0	$(0.2～0.4)b$

2. 内浇口的宽度 B_g 和长度 L_g

（1）内浇口宽度 B_g 见表 1-8-3。

表 1-8-3 内浇口宽度 B_g

铸件形状	内浇口宽度 B_g
矩形	$(0.6～0.8mm)$铸件边长 A
方框形	$(0.6～0.8mm)$浇口引入侧边长
圆平板	$(0.4～0.6mm)$铸件外径 D
圆环形及圆筒形	$(0.25～0.33mm)$铸件外径 D

（2）内浇口长度 L_g 为 2～3mm。

3. 内浇口粗糙度

$R_a = 0.2\mu m$ 或 $R_a = 0.4\mu m$。

4. 内浇口与型腔及横浇道的连接方式

内浇口与型腔及横浇道的连接方式如图 1-8-7 所示。

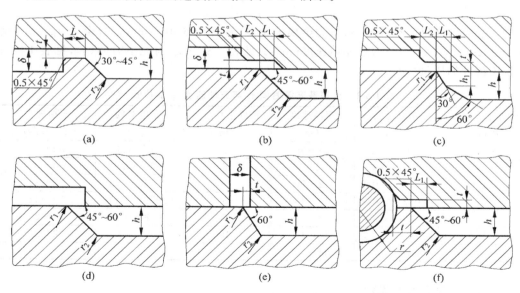

图 1-8-7 内浇口与型腔及横浇道的连接方式

任务实施

抽屉拉手压铸模内浇口设计

1. 铸件结构分析

从铸件结构特点看,铸件带一 $\phi7mm$ 孔,铸件精度不高,内浇口形式为侧浇口,根据经验公式,$A_g=0.18\times G$,单个铸件体积 $5.2cm^3$;重量 G 为 $5.2\times6.4=33.28g$,得内浇口截面积 $A_g=0.18\times G=5.99mm^2$。

2. 内浇口厚度 h_g

据铸件材料为锌合金;铸件厚度为 $4.5mm$,铸件形状简单,查内浇口厚度经验数据表,$h_g=1.5\sim2.0mm$,取 $h_g=1.5mm$。

3. 内浇口宽度 B_g

$B_g=(0.25\sim0.33)D=0.25\times24\sim0.33\times24=6\sim7.92mm$,取 $B_g=8mm$。

4. 内浇口长度

$L_g=2\sim3mm$,取 $L_g=2mm$。

5. 抽屉拉手压铸模型腔及内浇口布置图

抽屉拉手压铸模型腔及内浇口布置图如图 1-8-8 所示。

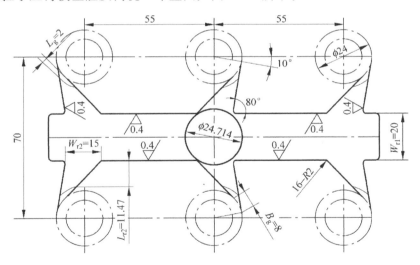

图 1-8-8　抽屉拉手压铸模型腔及内浇口布置形式

知识拓展

模具购销合同书样本

卖方:××模具制造有限公司(甲方)　买方:(乙方)××塑件制品有限公司

为增强甲乙双方责任感,加强经济核算,提高经济效益,确保双方实现各自的经济目的,经甲乙双方充分协商,特订立本模具购销合同,以便共同遵守。

1. 买卖物:模具部分名称、数量及价格见表1-8-4。

表 1-8-4　模具部分名称、数量及价格

项目	压铸模名称	数量	全额 RMB(含 17％增值税发票)
1	轮毂压铸模	1 套	￥10000 元
2	抽屉拉手压铸模	1 套	￥15000 元
3	发动机罩压铸模	1 套	￥30000 元
4	壳体压铸模	1 套	￥60000 元
合计	拾壹万伍千元		(人民币)

备注:上述款项含制造、检测、氮化热处理、材料、配件、样品等费用。

2. 模具技术标准(包括质量要求)

(1) 按国家标准执行。

(2) 无国家标准而有部颁标准的,按部颁标准执行。

(3) 无国家和部颁标准的,按企业标准执行。

(4) 没有上述标准的,或虽有上述标准,但需方有特殊要求的,按甲乙双方在合同中商定的技术条件、样品或补充的技术要求执行。

3. 交货日期及方法:乙方在××年×月×日前将模具交付甲方,送货费用乙方自行解决。

4. 运输方式:＿＿＿＿＿＿＿＿＿＿＿＿＿。

5. 交货地点和接货单位(或接货人)＿＿＿＿＿＿＿＿＿＿＿＿＿。

6. 模具货款结算

(1) 合同订立 10 个工作日内,支付模具总费用的 40％(订金)——肆万陆千元。

(2) 各送样毛坯 5 套,1. 2 项送乙方确认,3. 4 项待定,经乙方确认产品合格后付总费用的 50％——伍万柒千伍百元。

(3) 模具转移签收后两个月或生产 2000 模次后,需付清模具总费用 10％——壹万壹千伍百元。

7. 验收时间、手段、标准

(1) 验收时间:

(2) 验收手段:

(3) 验收标准:

(4) 负责验收和试验人:

8. 甲、乙双方违约责任

(1) 乙方的违约责任

① 乙方到期不能交货,应向甲方偿付总货款的 30％的违约金。

② 乙方所交模具品种、型号、规格、质量不符合合同规定的,如果甲方同意利用,应当按质论价;如果甲方不能利用的,应根据模具的具体情况,由乙方负责包换或包修,并承担修理、调换或退货而支付的实际费用。乙方不能修理或者不能调换的,按不能交货

处理。

③乙方因模具包装不符合合同规定,必须返修或重新包装的,乙方应负责返修或重新包装,并承担支付的费用。甲方不要求返修或重新包装而要求赔偿损失的,乙方应当偿付甲方该不合格包装物低于合格包装物的价值部分。因包装不符合规定造成货物损坏或灭失的,乙方应当负责赔偿。

④乙方逾期交货需向甲方偿付逾期交货违约金,并承担甲方因此所受的损失费用。

(2)甲方的违约责任

①甲方中途退货,应向乙方偿付退货部分货款30%的违约金。

②甲方逾期付款的,应按照中国人民银行有关延期付款的规定向乙方偿付逾期付款的违约金。

③甲方违反合同规定拒绝接货的,应当承担由此造成的损失。

9. 其他事项

在货款全部结清日,甲方需向乙方提供模具图纸及该图纸电子文档(如附件)。

卖方(甲方):××模具制造有限公司   买方(乙方):××塑件制品有限公司
公司地址: 公司地址:
法定代表人: 法定代表人:
委托代理人: 委托代理人:
电　　话: 电　　话:
传　　真: 传　　真:

思考题

一、判断题

1. 内浇口长度一般取 0.5～1mm。　　　　　　　　　　　　　　　（　　　）

2. 压铸模侧浇口一般设在分型面上,位置一定是铸件的内侧。　　　（　　　）

3. 压铸模点浇口直径一般为 1～2mm。　　　　　　　　　　　　　（　　　）

4. 点浇口进口角度范围是 75°～90°。　　　　　　　　　　　　　（　　　）

5. 点浇口出口角度范围是 0°～30°。　　　　　　　　　　　　　　（　　　）

二、填空题

1. 侧浇口一般开在_____上,设置在压铸件最大轮廓的_____处,其特点是去除浇口_____。

2. 环形浇口用于_____铸件,去除浇口_____。

3. 热压室压铸机压铸模模浇注系统由_____、_____、_____和_____组成。

4. 压铸模内浇口截面积有两种计算方法,一种是流量计算法,另外一种是_____。

三、应用题

图 1-8-9 是锌合金压铸件,请:(1)确定内浇口厚度 h。(2)确定内浇口宽度 b。(3)确定内浇口长度 L。

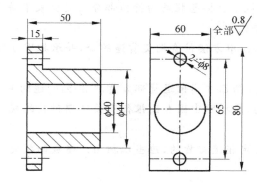

图 1-8-9　锌合金压铸件

任务九　抽屉拉手压铸模横浇道设计

根据图 1-1-1 和图 1-1-2 所示的家具用抽屉拉手实体图和平面图,完成抽屉拉手(锌合金)压铸模横浇道设计。要求压铸成型材料为锌合金。

任务操作流程

1. 确定压铸模横浇道截面形状。
2. 确定压铸模横浇道截面面积。
3. 确定压铸模横浇道深度。
4. 确定压铸模横浇道宽度。

教学目标

※能力目标
能够结合压铸件图,设计压铸模横浇道。
※知识目标
掌握压铸模横浇道截面形状及尺寸设计。

相关知识

一、横浇道定义和作用

1. 横浇道定义
从直浇道末端至内浇口之间的通道。
2. 横浇道的作用
(1) 把金属液从直浇道引入内浇口内。

（2）模浇道中的金属液能改善模具热平衡，在压铸件冷却凝固时起到补缩与传递静压力的作用。

二、横浇道设计要求

（1）横浇道截面积从直浇道至内浇口应逐渐缩小，不应突然变化。

（2）横浇道应平直，避免曲线式，减少包气和涡流。

（3）任何时候横浇道截面积都应大于内浇口截面积。

（4）横浇道应保证有一定厚度和长度。

三、常用热压室压铸机压铸模横浇道的结构形式

1. 热压室压铸机一模单腔压铸模横浇道的结构形式及用途

热压室压铸机一模单腔压铸模横浇道的结构形式如图 1-9-1 所示。

图 1-9-1(a)：宽横浇道，用于内浇口一侧宽带较小的铸件。

图 1-9-1(b)：扇形横浇道，铸件在内浇口一侧较宽时采用。

图 1-9-1(c)：T 形横浇道，铸件很宽且与直浇道较近。

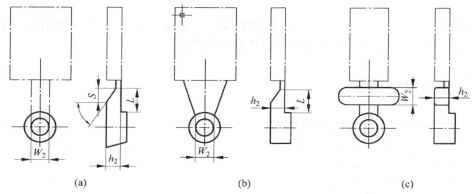

图 1-9-1　热压室压铸机一模单腔压铸模横浇道的结构形式

h_2—横浇道厚度；W_2—横浇道宽度；L—横浇道长度

2. 热压室压铸机压铸模一模多腔（圆形型腔）压铸模横浇道的结构形式

热压室压铸机压铸模一模多腔（圆形型腔）压铸模横浇道的结构形式如图 1-9-2 所示。

3. 热压室压铸机压铸模一模多腔（矩形型腔）压铸模横浇道的结构形式

热压室压铸机压铸模一模多腔（矩形型腔）压铸模横浇道的结构形式如图 1-9-3 所示。

4. 热压室压铸机一模多腔其他形式横浇道

热压室压铸机一模多腔其他形式横浇道结构形式如图 1-9-4 所示。

四、横浇道的截面形状

横浇道的截面形状为倒梯形，如图 1-9-5 所示。

五、热压室压铸机模具横浇道截面尺寸

1. 横浇道的截面深度 h

横浇道的截面深度 h 为

$$h \geqslant (8 \sim 10) \times h_{\mathrm{g}}$$

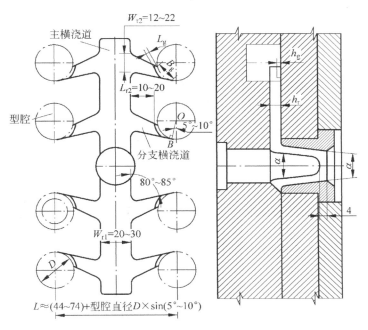

图 1-9-2　热压室压铸机压铸模一模多腔（圆形型腔）横浇道结构形式

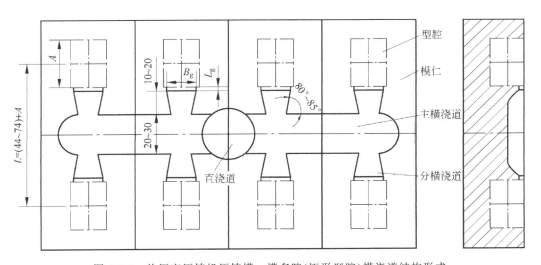

图 1-9-3　热压室压铸机压铸模一模多腔（矩形型腔）横浇道结构形式

2. 横浇道的截面宽度 b

横浇道的截面宽度 b 为

$$b = 3 \times A_g / h$$

3. 横浇道脱模斜角 α

横浇道脱模斜角 α 为

$$\alpha = 15° \sim 20°$$

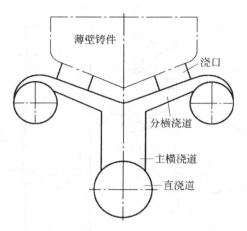

图 1-9-4　热压室压铸机压铸模一模多腔其他形式横浇道结构形式

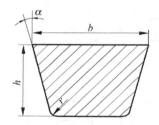

图 1-9-5　热压室压铸机模具横浇道截面形状

4. 圆角半径 r

圆角半径 r 为

$$r = 2 \sim 3mm$$

5. 横浇道长度 L_r（单型腔）

横浇道长度 L_r（单型腔）如图 1-9-6 所示。

（1）单腔模侧浇口时：$L_r = 0.5D + (25 \sim 35)$；D 为直浇道导入口的直径。

（2）单腔模扇形浇口时：$L_r = (1 \sim 2)B_g$（B_g—浇口宽），取 $30 \sim 40$。

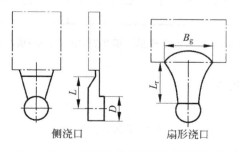

图 1-9-6　热压室压铸机模具横浇道长度

6. 一模多腔主、分支横浇道尺寸

（1）横浇道的截面深度 h：$h \geqslant (8 \sim 10) \times h_g$

（2）主横浇道宽度：$W_{r_1} = 20 \sim 30mm$，长度 L_{r_1} 按型腔布置确定。

（3）分支横浇道宽度：$W_{r_2} = 12 \sim 22mm$，长度 $L_{r_2} = 15 \sim 20mm$。

任务实施

1. 横浇道截面形状

横浇道截面形状选扁梯形。

2. 横浇道的截面面积 A_r

锌合金铸件，选择 J213 型的热压室压铸机，一模六腔。

$A_r = (8 \sim 10) \times A_g = 8 \times 6.275 = 18.825mm^2$。

3. 横浇道的深度 h_r

对热压室压铸机而言：$h_r \geqslant (8 \sim 10) \times h_g = 8 \times 1.5 = 12mm$。

4. 一模六腔的主、分支横浇道宽度

（1）主横浇道宽度：$W_{r_1} = 20 \sim 30mm$，取 25mm，长度 L_{r_1} 要按型腔布置尺寸确定。

（2）分支横浇道宽度 W_{r_2}、长度 L_{r_2}：$W_{r_2} = 12 \sim 22mm$，取 $W_{r_2} = 12mm$，$L_{r_2} = 15 \sim 20mm$，取 $L_{r_2} = 20mm$。

5. 抽屉拉手压铸模型腔及浇注系统布置图

抽屉拉手压铸模型腔及浇注系统布置图如图 1-9-7 所示。

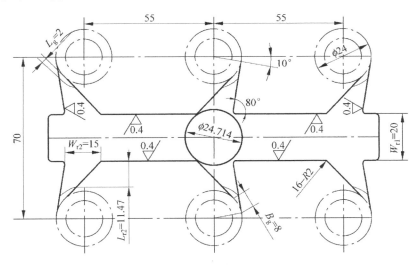

图 1-9-7 抽屉拉手压铸模型腔及浇注系统布置

思考题

填空题

（1）热压室压铸机压铸模横浇道截面形状为_____；其截面深度为_____；截面宽度为_____；膜横斜角 α 等于_____。

（2）横浇道截面从直浇道到内浇口应_____，不应_____变化。

（3）横浇道应_____；避免_____式，减少_____和_____。

任务十 抽屉拉手压铸模直浇道设计

任务引入

根据图 1-1-1 和图 1-1-2 所示的家具用抽屉拉手实体图和平面图,完成抽屉拉手(锌合金)压铸模直浇道设计。要求压铸成型材料为锌合金。

任务操作流程

1. 找到所选压铸机的座板联系图,查出浇口套定位直径及其长度。
2. 根据浇口套长度(由模架确定),查直浇道尺寸表。
3. 将所查的直浇道尺寸,绘制压铸模直浇道。

教学目标

※能力目标

能够结合热压室压铸机类型,设计压铸模直浇道。

※知识目标

掌握直浇道设计内容和方法

相关知识

一、热压室压铸机压铸模直浇道结构形式

热压室压铸机压铸模直浇道结构形式如图 1-10-1 所示。

二、"力劲"牌热压室压铸机喷嘴实物

"力劲"牌热压室压铸机喷嘴实物如图 1-10-2 所示。

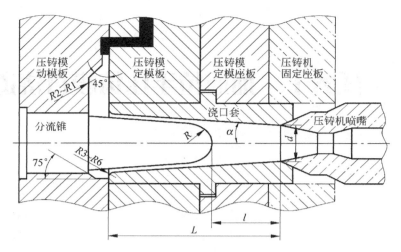

图 1-10-1　热压室压铸机压铸模直浇道结构

图 1-10-2　热压室压铸机喷嘴实物

三、热压室压铸机模具直浇道设计要点

（1）一般喷嘴出口（直径 d_0）处截面积

$\pi \times d_0^2 / 4 = (1.1 \sim 1.2) A_g$（内浇口截面积 A_g）。

（2）直浇道中心设有较长的分流锥，以调整直浇道的截面面积，改变金属流流向，减少金属的消耗量，便于从定模带出直浇道。

（3）直浇道与分流锥之间厚度，小件 $h = 2.5 \sim 3$mm；中等铸件 $h = 3 \sim 3.5$mm。

（4）直浇道单边斜角 $\alpha = 2° \sim 6°$。

（5）表面粗糙度 $R_a \leqslant 0.2\mu$m，浇口套喷嘴和分流锥需设置冷却系统。

四、热压室压铸机模具直浇道尺寸

热压室压铸机模具直浇道尺寸见表 1-10-1。

表 1-10-1　热压室压铸机模具直浇道尺寸

名　　称	直　浇　道　尺　寸								
直浇道长度 L/mm	40	45	50	55	60	65	70	75	80
直浇道小端直径 d/mm	12				14				
直浇道斜角 α/(°)	6°				4°				
直浇道与分流锥环形通道壁厚 h/mm	2.5～3				3～3.5				

续表

名　称	直浇道尺寸								
直浇道长度 L/mm	40	45	50	55	60	65	70	75	80
浇道端面到分流锥顶端距离 ι/mm	10				12	17	22	27	32
分流锥端部圆角半径 R/mm	4				5				
喷嘴小端直径 d_0/mm	8				10				

五、压铸模排溢系统（溢流口、溢流槽及排气槽）设计

1．排溢系统作用

使液态金属在充填型腔的过程中，能及时排出型腔中的气体、夹杂物、涂料残渣及冷污金属，以消除压铸件缺陷，确保铸件质量。

2．影响排溢系统效果的因素

（1）排溢系统在型腔周围的分布。

（2）排溢系统所在位置和数量分配。

（3）排溢系统尺寸及容量。

（4）排溢系统结构形式。

3．溢流槽

（1）溢流槽作用。

① 容纳型腔中的气体夹杂物及冷污金属液。

② 调节模具局部温度，改善充填条件，还可做顶出铸件的着力点。

（2）溢流槽位置：一般在分型面上，通常在金属液最先冲击的位置、最后填充的部位、两股或多股金属液汇流的位置、铸件局部过厚或过薄部位

（3）溢流槽结构形式。

① 布置在分型面上的溢流槽如图 1-10-3 所示。

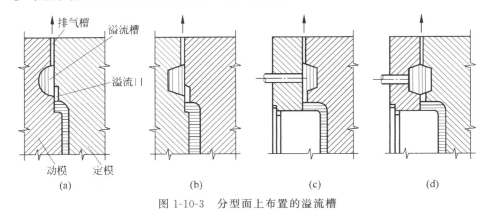

图 1-10-3　分型面上布置的溢流槽

这种溢流槽结构简单，加工方便，应用最为广泛。这种溢流槽截面形状为半圆形或梯形，设置在动模或定模一侧或两模之间，用球头铣刀或圆锥铣刀加工比较方便。图 1-10-3（a）、图 1-10-3（b）的溢流槽开在动模内，能提高铸件对动模部分的包紧力；

图 1-10-3(c)铸件对动模的包紧力已经较大,溢流槽开在定模内;图 1-10-3(d)用于铸件需要的溢流量较大,在模具的动、定模都设溢流槽(双梯形溢流槽)。

② 设置在型腔内的溢流槽如图 1-10-4 所示。

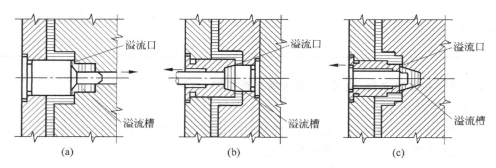

图 1-10-4   型腔内设置的溢流槽

当铸件某些部位特别是位于中间且不在分型面上,排气困难时,将溢流槽设置在型腔内。它主要是利用型芯与镶块的间隙作为溢流槽的排气槽。

(4) 溢流槽的布置形式如图 1-10-5 所示。

溢流槽的布置应有利于排除型腔中的气体,排除混有气体、氧化物及涂料残废的金属液,改善模具热平衡状态。

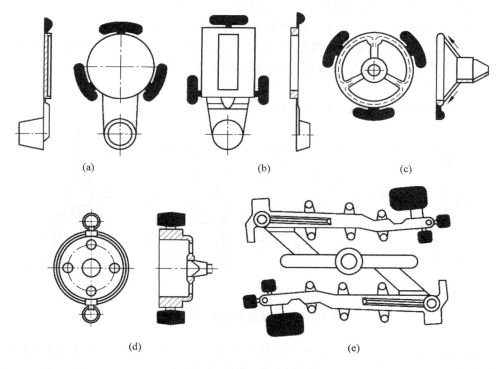

图 1-10-5   溢流槽的布置形式

图 1-10-5(a)：在金属液最先冲击的部位及内浇口两侧设溢流槽，最先冲击的部位的溢流槽能排除金属液前沿的气体及冷污金属液，稳定金属液流动状态，减少涡流，内浇口两侧的溢流槽能折回到内浇口两侧的气体和夹渣排除。

图 1-10-5(b)：型芯远离内浇口的背面区域，是填充过程中被型芯阻挡所形成的死角，也是容易形成冷隔和夹渣缺陷的位置，需要布置溢流槽给予改善。

图 1-10-5(c)：由于采用中心浇口，轮缘上每两个轮辐之间的位置都是两股金属液的汇合处（箭头所示），此处会产生其他、冷污金属液及涂料残渣，需要布置溢流槽给予改善。

图 1-10-5(d)：铸件壁厚处最易产生气孔、缩松等缺陷，为改善厚壁处的内部质量，需要采用大容量的双梯形溢流槽和较厚的溢流口，以充分排除气体和夹渣，并对铸件进行补缩，改善铸件内部质量。

图 1-10-5(e)：铸件为细长件，金属液从较厚部位引入，最后充填的尾部壁厚较小，此处金属液和模具温度低，气体和夹渣集中，需要设置较大的溢流槽，以提高模具温度，改善模具热平衡状态及充填和排气条件。

设置排气槽不一定一次到位，设计时应预留余地，试模后观察金属液流痕和缺陷状态，再增加布置溢流槽。

（5）溢流槽的尺寸

① 常用半圆形溢流槽的尺寸见表 1-10-2。

表 1-10-2　半圆形溢流槽尺寸

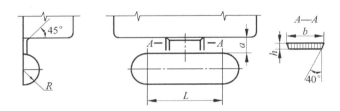

溢流槽半径 R/mm	溢流槽长度 L/mm	溢流口宽度 b/mm	溢流口长度 a/mm	溢流口厚度 h/mm		
				锌合金	铝合金/镁合金	铜合金
3	12～15	5～6	2	0.3	0.4	0.5
4	16～20	6～8	3	0.4	0.5	0.6
5	20～25	8～10	4	0.5	0.6	0.7
6	24～30	10～12	4.5	0.6	0.7	0.9
8	32～40	12～15	5	0.7	0.8	1.0
10	40～50	15～18	6	0.8	1.0	1.2
12	45～60	18～22	7	1.0	1.2	1.4
15	55～70	22～20	8	1.1	0.3	1.5

② 常用梯形溢流槽的尺寸见表 1-10-3。

表 1-10-3　梯形溢流槽尺寸

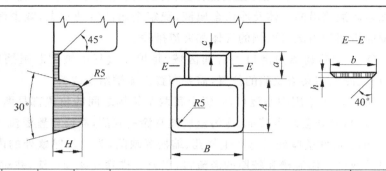

A	B	H	a	b	溢流口厚度 h/mm			c	F_c	V_c
					锌合金	铝、镁合金	铜合金			
12	12	6	5	8	0.6	0.7	0.9	0.6	1.58	0.89
	16			10					2.17	1.23
	20			12					2.74	1.55
16	16	7	6	10	0.7	0.8	1.1	0.8	2.89	1.91
	20			12					3.64	2.64
	25			14					4.56	3.00
20	20	8	7	12	0.8	1.0	1.3	1.0	4.54	3.44
	25			15					5.74	4.30
	30			18					6.92	5.21
25	25	10	8	15	1.0	1.2	1.5	1.0	7.10	6.71
	30			18					8.59	8.08
	35			22					10.16	9.48
30	30	12	9	18	1.1	1.3	1.6	1.0	10.24	11.60
	35			22					12.08	13.62
	40			26					15.44	17.40
35	35	14	10	20	1.3	1.5	1.8	1.0	14.06	18.49
	40			25					16.49	21.11
	50			30					20.05	26.34
40	40	16	10	25	1.5	1.8	2.2	1.0	17.99	27.32
	50			30					20.49	34.09
	60			35					26.99	40.88

4. 排气槽设计

（1）分型面上排气槽

① 分型面上排气槽形式如图 1-10-6 所示。

这种排气槽结构简单，截面形状为狭长的矩形，加工方便，设置灵活，在试生产中根据实际情况随时加以改进，应用最广泛。

图 1-10-6(a)、(b)、(c)、(d)、(e)排气槽与溢流槽相连；图 1-10-6(f)、(g)、(h)、(j)排气槽与型腔相连接，为排气顺畅，可将排气槽尾部截面加大，加大方式有 3 种，图 1-10-6(c)、(h)为宽度渐扩型，图 1-10-6(d)、(i)为深度渐扩型，图 1-10-6(e)、(j)为阶梯型。

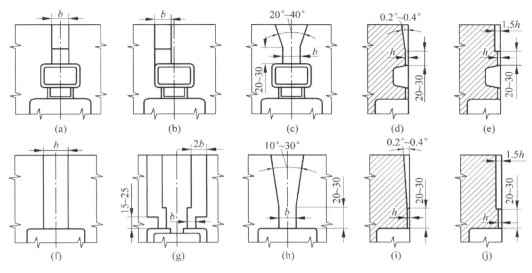

图 1-10-6　分型面上排气槽形式

② 分型面上排气槽尺寸见表 1-10-4。

表 1-10-4　分型面上排气槽尺寸

合金种类	铅合金	锌合金	铝合金	镁合金	铜合金
排气槽深度 h/mm	0.05～0.10	0.05～0.12	0.10～0.15	0.10～0.15	0.15～0.20
排气槽宽度 b/mm	8～25				

（2）型芯和推杆间隙排气槽如图 1-10-7 所示。

在型腔中间部位,可利用型芯、推杆间隙作为排气槽,结构形式如图 1-10-7 所示。

图 1-10-7(a)：在型芯固定部位铣削小平面形成间隙进行排气,这种排气槽容易被涂料及金属液所堵塞,常用尺寸为 $h=0.04～0.06$mm, $L=6～10$mm。

图 1-10-7(b)：利用型芯伸入定模镶块的配合间隙进行排气,排气间隙 $h=0.05$mm,间隙段长度 $L=10～15$mm,这种结构对长型芯还有加固作用,但排气效果差。

图 1-10-7(c)：利用局部深型推杆与镶块之间的配合间隙来排气,其排气结构缝隙可以比前两者大,一般为 e8～d8；推杆每次动作会将间隙中的堵塞物进行清理,排气效果较好。

（3）排气槽设计要点

① 排气槽尽可能设置在分型面上,以便脱模。

② 排气槽尽可能设置在同一半模上,以便制造。

③ 排气槽尾部必须开排气槽,以便金属液无阻力顺利进入溢流槽。

④ 排气量大时,可增加排气槽数量或宽度,切不可增加厚度,以防金属液向外喷溅,排气槽的总面积＝(0.2～0.5)×内浇口截面积。

⑤ 型芯或推杆与镶块之间的间隙也具有排气的作用,但设计时可不列入总面积。

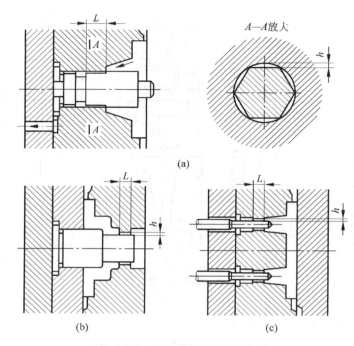

图 1-10-7　型芯和推杆间隙排气槽

🎵**任务实施**

抽屉拉手压铸模直浇道设计

1. 找到 JZ213 型热压室压铸机安装座板图

JZ213 型热压室压铸机安装座板图如图 1-10-8 所示。

2. 查 JZ213 型热压室压铸机的主要技术参数

JZ213 型热压室压铸机的主要技术参数见表 1-10-5。

表 1-10-5　JZ213 型热压室压铸机的主要技术参数

名　　　称	数　　值
锁模力/kN	250
压射力/kN	30
推出力/kN	20
拉杆内间距(水平×垂直)/(mm×mm)	265×265
压射位置/mm	40
合模行程 /mm	100
压射冲头行程 /mm	95
压铸模厚度/mm	120~240
压室直径/mm	$\phi45$

续表

名　　称	数　　值
偏中心浇口距离/mm	40
拉杆直径/mm	45
最大金属浇铸量(Zn)/kg	0.5
铸件最大投影面积/cm²	138

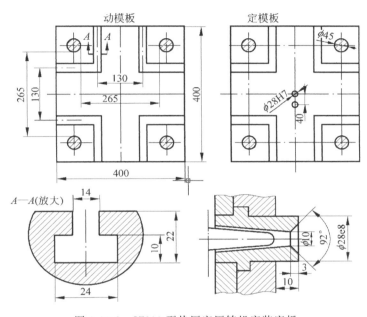

图 1-10-8　JZ213 型热压室压铸机安装座板

3. 确定浇口套与喷嘴的连接处尺寸

根据 JZ213 使用说明书上的座板图尺寸,可确定浇口套与喷嘴的连接处尺寸为 $\phi10$,锥面锥度为 92°,深 3mm;浇口套定位凸台直径为 $\phi28e8$,定位长度为 10mm,喷嘴外短部为锥面。

4. 根据浇口套长确定直浇道尺寸

根据浇口套长(模架确定后,定模部分厚度为 50mm,浇口套总长 $L=60$mm),查直浇道尺寸表(直浇道小端直径 $D_{直小}=10$),可分别确定:

(1) 分流锥端部圆角半径 $R=5$mm;

(2) 直浇道与分流锥的环形通道壁厚 $h=3\sim3.5$mm;

(3) 直浇道斜角 $\alpha=4°$;

(4) 浇道端面到分流锥顶端距离 $\iota=12$mm。

5. 绘制抽屉拉手压铸模直浇道图

根据前面所算尺寸,绘制抽屉拉手压铸模直浇道图如图 1-10-9 所示。

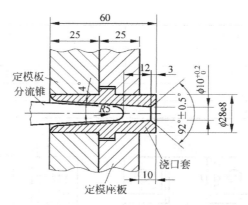

图 1-10-9　抽屉拉手压铸模直浇道

知识拓展

制定模具制造计划

模具制造计划制定目的：卖方为在模具购销合同规定时间内生产出合格模具，需制定模具制造全过程生产进度计划表，见表 1-10-6。制造单位需严格按计划表要求实施模具的生产。

表 1-10-6　模具生产进度计划表

模具名称/编号	08706				制造周期：30					单位：天	
项目 进度	下料	毛坯粗加工	引孔扩孔	粗加工	热处理	线切割孔位	精加工	孔位检验	电极粗打	电极精打	装配	试模
动芯	3～4	5	6	7	7～10	12～13	13～14	15～16	17～18	19～20	20～23	25
定芯		6	7	8	8～11	12～13	14～15	16～17	18～19	20～21	22～23	25
动套	5～6	17	18	19～20	20～22		22～23				24	25
定套		18	19	20～21	23～23		23～24				24	25

思考题

一、单项选择题

1. 横浇道截面形状使用最多的是（　　）。

　　A. 倒梯形　　　　　B. 矩形　　　　　C. 圆形　　　　　D. 半圆形

2. 不同类型压铸机压铸模其（　　）结构形式要求不同。

　　A. 横浇道　　　　　B. 直浇道　　　　　C. 内浇口　　　　　D. 余料

3. 横浇道作用之一是（　　）。

　　A. 将金属液引入内浇道　　　　　B. 将金属液引入模具

　　　C. 传递压力　　　　　　　　　D. 增加金属液流动速度

　4. 直浇道作用之一是(　　)。

　　　A. 将金属液引入内浇道　　　　B. 将金属液引入模具

　　　C. 传递静压力　　　　　　　　D. 改变金属液方向

　5. 对热压室压铸机压铸模横浇道截面积 A_r 与内浇口横截面积 A_g 的关系式是(　　)。

　　　A. $A_r=(1—2)A_g$　　　　　　　B. $A_r=(2—3)A_g$

　　　C. $A_r=(0.1—0.2)A_g$　　　　　D. $A_r=(3—4)A_g$

　6. 横浇道的深度应大于或等于铸件平均壁厚的_____倍。

　　　A. 1～1.5　　　　B. 1.5～2　　　　C. 2～3　　　　D. 3～4

二、综合题

根据 JZ216 卧式热压室压铸机动、定模座板联系图,设计相应模具的直浇道。

任务十一 抽屉拉手压铸模成型零件设计

任务引入

根据图 1-1-1 和图 1-1-2 所示的家具用抽屉拉手实体图和平面图,确定模具的型芯及型腔结构、型芯及型腔工作尺寸和偏差。要求压铸成型材料为锌合金。

任务操作流程

1. 成型零件结构确定。
2. 规范铸件尺寸标注。
3. 将铸件尺寸分类。
4. 查出各尺寸公差。
5. 确定各尺寸收缩率。
6. 确定各尺寸及偏差。
7. 选择材料及热处理。
8. 绘制成型零件结构图。

教学目标

※**能力目标**

能够根据压铸件图纸,设计压铸模成型零件。

※**知识目标**

1. 掌握成型零件的结构及分类。
2. 掌握成型零件成型尺寸计算。
3. 熟悉成型零件强度确定方法。

相关知识

一、成型零件设计内容

（1）结构设计,确定型芯、型腔是整体还是镶嵌式。

（2）型芯、型腔的尺寸及偏差计算。

（3）型芯、型腔材料及热处理表面粗糙度。

二、热压室压铸机压铸模成型零件结构设计

1. 成型零件整体式型腔结构

成型零件整体式型腔结构(凹模)如图 1-11-1 所示。

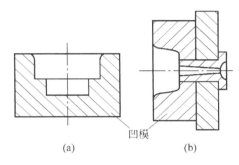

图 1-11-1　整体式型腔结构(凹模)

2. 成型零件整体式型腔结构应用场合

（1）型腔较浅的小型单腔模或型腔简单的压铸模。

（2）所用压铸机拉杆空间小的压铸模。

（3）压铸精度低的模具。

（4）生产批量小的模具。

3. 成型零件镶拼式结构

整体镶拼式型腔结构(凹模)如图 1-11-2 所示,局部镶拼式结构(凹模)如图 1-11-3 所示。

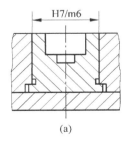 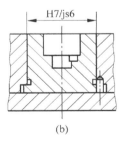 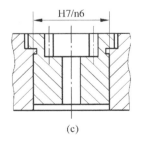 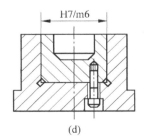

图 1-11-2　压铸模整体镶拼式型腔结构(凹模)

4. 成型零件镶拼式结构应用场合

（1）型腔较深或较大型的模具。

（2）一模多腔模具。

（3）成型表面比较复杂的模具。

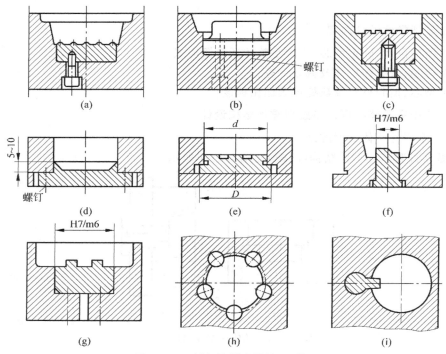

图 1-11-3　局部镶拼式结构（凹模）

三、热压室压铸机压铸模成型零件模仁的布置

热压室压铸机压铸模成型零件模仁的布置形式如图 1-11-4 所示。

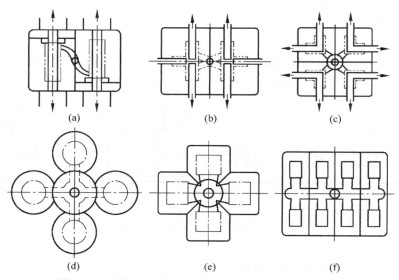

图 1-11-4　热压室压铸机压铸模成型零件模仁布置形式

四、成型零件成型尺寸计算

1. 压铸合金收缩率

压铸合金收缩率见表 1-11-1。

表 1-11-1　各类压铸合金收缩率

合金种类	收缩条件		
	阻碍收缩	混合收缩	自由收缩
	计算收缩率/%		
铅锡合金	0.2～0.3	0.3～0.4	0.4～0.5
锌合金	0.3～0.4	0.4～0.6	0.6～0.8
铝硅合金	0.3～0.5	0.5～0.7	0.7～0.9
铝硅制合金 铝镁合金 镁合金	0.4～0.6	0.6～0.8	0.8～1.0
黄铜	0.5～0.7	0.7～0.9	0.9～1.1
铝青铜	0.6～0.8	0.8～1.0	1.0～1.2

2. 成型零件尺寸分类、偏差标注形式

（1）成型零件尺寸的分类

成型尺寸可分为型腔尺寸(包括型腔深度尺寸)、型芯尺寸(包括型芯高度尺寸)、成型部分的中心距离和位置尺寸。

（2）压铸件及模具型芯、型腔类尺寸偏差标注形式：采用"入体"原则标注成型零件尺寸偏差：

① 轴类尺寸偏差标注形式：压铸件外形尺寸 $_{-\Delta}^{0}$；模具型芯类尺寸 $_{-\delta}^{0}$。

② 孔类尺寸偏差标注形式：压铸件内孔尺寸 $_{0}^{+\Delta}$；模具型腔类尺寸 $_{0}^{+\delta}$。

③ 中心距离偏差标注形式：压铸件为 $\pm\Delta/2$；(两型芯或型腔间距)模具为 $\pm\delta/8$。

3. 成型尺寸的计算

在 UG 软件中输入收缩率及铸件尺寸,UG 自动算出每个铸件尺寸所对应的型芯、型腔尺寸。

4. 成型零件尺寸偏差确定步骤

（1）对压铸件尺寸偏差进行规范,对不符合"入体"原则的尺寸偏差需进行转换。

（2）对压铸件上各尺寸收缩状况进行分类(受型芯阻碍的收缩为阻碍收缩类型,结合压铸件合金种类,查表确定各尺寸对应的收缩率大小。

（3）根据模具型腔尺寸,找到与之对应的压铸件精度,确定模具型腔尺寸偏差 δ。

（4）根据模具型芯尺寸,找到与之对应的压铸件精度,确定模具型芯尺寸偏差 δ。

🐚 任务实施

（1）根据抽屉拉手图,确定抽屉拉手压铸模型芯及型腔结构如图 1-11-5 所示;考虑到生产批量小、铸件尺寸小、一模多腔结构,型芯采用整体式结构,型腔用整体嵌入式结构。

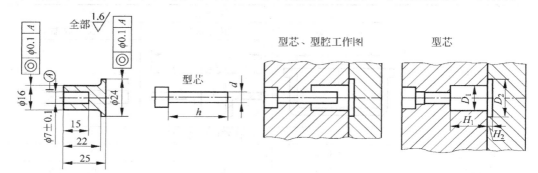

图 1-11-5　抽屉拉手压铸模型芯及型腔结构

（2）规范抽屉拉手图尺寸标注:从压铸件图判断 $\phi7\pm0.1$ 尺寸偏差标注不规范,由于 $\phi7$ 为孔类尺寸,应为 $\phi7^{+\partial}_{0}$,需要转换为 $\phi6.9^{+0.2}_{0}$。

（3）将铸件尺寸分类: $\phi16$、 $\phi24$、22、25 属轴类尺寸; $\phi6.9^{+0.2}_{0}$、15 属孔类尺寸。

（4）查各尺寸公差:根据铸件空间对角线尺寸和尺寸是否受分型面影响,查出各自由尺寸公差,标注其相应偏差。

铸件空间对角线尺寸为 35mm。查表,锌合金压铸件未注尺寸公差,选 Ⅱ 级精度。

① 尺寸 22、25 受分型面影响,为 B 类尺寸,查得公差分别为:0.24、0.24。

② 尺寸 $\phi16$、 $\phi24$、15 不受分型面影响,为 A 类尺寸;查得公差分别为:0.11、0.14、0.11。尺寸标注: $22_{-0.24}^{\ 0}$、 $25_{-0.14}^{\ 0}$、 $\phi16_{-0.11}^{\ 0}$、 $\phi24_{-0.14}^{\ 0}$、 $15_{0}^{+0.11}$。

（5）对抽屉拉手尺寸收缩状况进行分类,确定各尺寸收缩率

① 型腔尺寸有 $\phi16$、 $\phi24$、22、25 尺寸为自由收缩尺寸,查锌合金自由尺寸收缩率为 0.5%～0.65%,取 0.6%。

② 型芯尺寸有 $\phi6.9^{+0.2}_{0}$ 及 15 为阻碍收缩尺寸,查锌合金阻碍收缩尺寸收缩率为 0.3%～0.4%,收缩率取 0.35%。

（6）在 UGⅡ 三维压铸模设计软件中输入型腔公称尺寸和偏差及收缩率,自动计算各型腔尺寸如下:

铸件→对应型腔尺寸　　　　　　　铸件→对应型腔尺寸

$\phi16$→ $\phi15.88$　　　　　　　　　$\phi24$→ $\phi24.05$

$\phi22$→ $\phi21.96$　　　　　　　　　高 25→深 24.98

（7）在 UGⅡ 三维压铸模设计软件中输入型腔公称尺寸、偏差及收缩率,自动计算各型芯尺寸如下:

$\phi6.9$→ $\phi7.07$　　　高 15→15.15

（8）模具尺寸偏差（精确到小数点后三位）

型腔尺寸 15.88,公差为 $\delta_1=\Delta1/5=0.11/5=0.022$

型腔尺寸 24.05，公差为 $\delta_2 = \Delta 2/5 = 0.14/5 = 0.028$

型腔尺寸 21.96，公差为 $\delta_3 = \Delta 3/5 = 0.24/5 = 0.048$

型腔尺寸 24.98，公差为 $\delta_4 = \Delta 4/5 = 0.14/5 = 0.028$

型芯尺寸 7.07，公差为 $\delta_5 = \Delta 5/5 = 0.2/5 = 0.04$

型芯尺寸 15.15，公差为 $\delta_6 = \Delta 6/5 = 0.11/5 = 0.022$

（9）结合前面的（6）、（7）、（8）步骤，模具尺寸分别标注如下：

$\phi 15.88^{+0.022}_{0}$；$\phi 24.05^{+0.028}_{0}$；$21.96^{+0.048}_{0}$；$24.98^{+0.028}_{0}$；$7.07^{0}_{-0.04}$；$15.15^{0}_{-0.022}$

（10）抽屉拉手铸件尺寸、偏差与相应成型零件尺寸及偏差对照见表 1-11-2。

表 1-11-2　抽屉拉手铸件尺寸、偏差与相应成型零件尺寸及偏差对照

铸件尺寸	尺寸类别	铸件尺寸及偏差	收缩率 ϕ	成型零件尺寸	成型尺寸类别	成型零件公差	成型零件尺寸及偏差
$\phi 16$	A 类	$\phi 16^{0}_{-0.11}$	自由收缩	$\phi 15.88$		$0.11/5=0.022$	$\phi 15.88^{+0.022}_{0}$
$\phi 24$	A 类	$\phi 24^{0}_{-0.14}$	$0.5\% \sim$	$\phi 24.05$	型腔类	$0.14/5=0.028$	$\phi 24.05^{+0.028}_{0}$
22	轴类 B 类	$22^{0}_{-0.24}$	0.65%，取 0.6%	21.96		$0.24/5=0.048$	$21.96^{+0.048}_{0}$
25	A 类	$25^{0}_{-0.14}$		24.98		$0.14/5=0.028$	$24.98^{+0.028}_{0}$
$\phi 7 \pm 0.1$	孔类	$\phi 6.9^{+0.2}_{0}$	阻碍收缩，$0.4\% \sim$	7.07	型芯类	$0.2/5=0.04$	$\phi 7.07^{0}_{-0.04}$
15	A 类	$15^{+0.11}_{0}$	0.6%，取 0.5%	15.15		$0.11/5=0.022$	$15.15^{0}_{-0.022}$

（11）确定抽屉拉手型芯、型腔材料及热处理：查表，抽屉拉手材料为锌合金，选型腔材料为 H13，热处理为 $43 \sim 47\text{HRC}$；选型芯材料为 3Cr2W8V，热处理为 $44 \sim 48\text{HRC}$。

（12）综合各步骤，绘制抽屉拉手压铸模动模模仁如图 1-11-6 所示，型芯如图 1-11-7 所示。

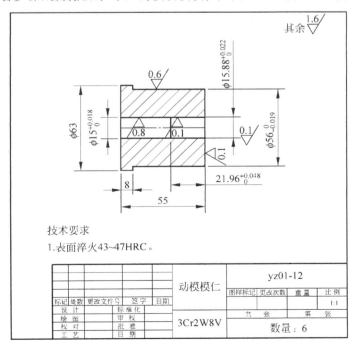

图 1-11-6　抽屉拉手压铸模动模模仁

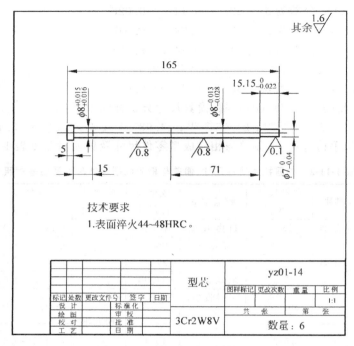

图 1-11-7　抽屉拉手压铸模型芯

知识拓展

模具零件机械加工工艺卡见表 1-11-3。

表 1-11-3　模具零件机械加工工艺卡

××职业技术学院	模具零件加工工艺过程卡			共　1　页		第　1　页	
零件图号	09m3-1-13		件号				
零件名称	定模座板		数量	1			
材料牌号	QT500						
单件总工时							
工序号	工序名称	工序主要内容		主要设备	工装夹具		工时
					夹具	刀具	量具	
1	钳工画线	画各孔孔位线		钳台			高度游标尺	
2	镗孔	镗浇口套安装孔		加工中心	通用夹具	镗刀	百分表	
3	钻孔	钻螺纹底孔及过螺栓孔		台钻	通用夹具	φ10.5 钻头	游标卡尺	
4	攻螺纹	攻 4-M12 螺孔		通用夹具		M12 丝锥	螺纹塞规	
5	检验						游标卡尺千分尺	
编制		校对		定额员		批准		

思考题

一、填空题

1. 成型零件在结构上可分为_____和_____两种。

2. 成型零件整体式结构一般用于_____模具；镶拼式结构一般用于_____模具。

3. 小型芯一般采用_____式固定方法，也可采用_____式、_____式和_____式固定方法。

4. 镶块、型芯的止转一般采用_____止转和_____止转。

5. 成型零件的基本尺寸需要在原有铸件尺寸基础上增加收缩部分尺寸，另外，考虑模具的磨损和制造，型芯需_____0.7Δ，型腔需_____0.7Δ（Δ 为铸件尺寸公差），中心距则不予考虑。

6. 成型零件的尺寸公差值大小与铸件_____值有关，一般成型零件尺寸公差值取铸件的_____。

7. 型芯对铸件包紧力与铸件包紧型芯的_____有关，还与浇注合金_____有关。

二、判断题

1. 采用整体式成型零件结构的模具类型是大尺寸深型腔模。　　　　　　（　　）

2. 压铸模成型零件淬火处理后，再液氮处理，其氮化层深度为 $0.08 \sim 0.15$mm。　　　　　　（　　）

3. 查某不加工压铸件孔类尺寸 d 的公差值是 0.2mm，d 偏差带应标注为 $d_{-0.2}^{0}$。　　　　　　（　　）

4. 压铸模成型零件在淬火处理后，还需进行液氮处理。　　　　　　（　　）

5. 镶块、型芯的止转除销钉止转外，还可采用平键止转。　　　　　　（　　）

6. 模具成型零件公差值与压铸件相应尺寸公差值成正比，具体与压铸件相应的尺寸精度有关。　　　　　　（　　）

7. 同一压铸件，各部位的尺寸收缩率不同，有阻碍收缩、自由收缩两种。　　（　　）

任务十二　抽屉拉手压铸模模架选择

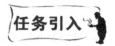

任务引入

根据图 1-1-1 和图 1-1-2 所示的家具用抽屉拉手实体图和平面图,选择相应压铸模模架。要求压铸成型材料为锌合金。

任务操作流程

1. 查表确定型腔侧壁厚及底部厚。
2. 根据浇注系统布置图,确定模仁长×宽×厚。
3. 查表确定型腔模板边框厚度及底部厚度,从而确定模板长、宽、厚。
4. 动模支承板厚度校核。
5. 垫块高度设计。
6. 模架标识。

教学目标

※**能力目标**

能够结合压铸件图纸选择压铸模模架。

※**知识目标**

熟悉压铸模标准模架形式,掌握压铸模模架选择步骤。

相关知识

一、模架选择要点

(1)模架应有足够的刚度,在承受压铸机锁模力的情况下,不发生变形。

(2)模架不宜过于笨重,以便模具装拆、修理和搬运。

（3）模架在压铸机上的安装位置应与压铸机规格或通用模座规格一致。

（4）模架上应设有吊环螺钉或螺钉孔，以便于模架的吊运和装配。

（5）镶块与模架边缘的分型面之间应留有足够的位置，以设置导柱、导套、紧固螺钉、销钉等零件。

（6）模具的总厚度应大于所选用压铸机的最小合模距离。

二、标准模架形式

标准模架Ⅰ如图 1-12-1 所示，标准模架Ⅱ如图 1-12-2 所示。

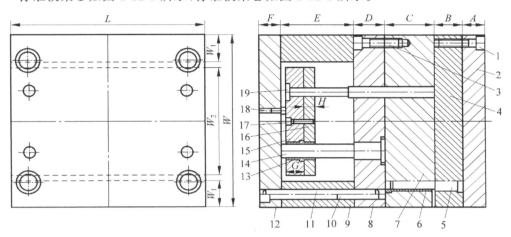

图 1-12-1　标准模架Ⅰ

1—螺钉；2—面板；3—螺钉；4—A 板；5—导柱；6—导套；7—B 板；8—托板；9—垫块；10—螺钉；11—圆柱销；12—底板；13—推板导套；14—推板导柱；15—推板；16—推杆固定板；17—螺钉；18—垃圾钉；19—复位杆

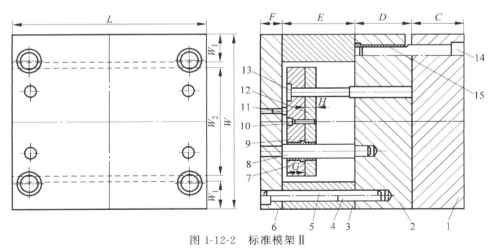

图 1-12-2　标准模架Ⅱ

1—A 板；2—B 板；3—垫高块；4—螺钉；5—圆柱销；6—底板；7—推板；8—导柱；9—推板；10—螺钉；11—垃圾钉；12 推杆固定板；13—复位杆

三、压铸模模架标准尺寸系列

结合图 1-12-1 及图 1-12-2 尺寸，压铸模模架标准尺寸系列见表 1-12-1。

表1-12-1　压铸模架标准尺寸表

主要尺寸		200	250	315	355	400	450	500	630	710
	W	200	250	315	355	400	450	500	630	710
	L	200/315	200/315/400/450/500	355/400/450/500/560	400/450/500/560/630/710	400/450/500/560/630/710/810	450/500/560/630/710/800/900	560/630/710	800/900	630/710/800/900/1000
面板	A	25	25	32	40	40	40	50	63	63
A板	B	25~160	25~160	25~160	32~160	32~160	40~200	40~200	50~250	50~250
B板	C	25~160	25~160	25~160	32~160	32~160	40~200	40~200	50~250	50~250
托板	D	35	40	50	50	63	63	63	80	80
底板	F	25	25	32	32	32	40	50	50	50
垫块	W_1	32	40	50	50	63	63	80	80	80
垫块	E	63~100	63~100	80~125	80~125	80~125	80~160	100~200	100~200	100~200
推板	W_2	125	160	205	245	264	314	330	460	540
推板	G	20	25	25	32	32	32	40	40	40
推杆固定段	W_2	125	160	205	245	264	314	330	460	540
定板	H	12	12	16	16	16	16	20	20	20
复位杆	直径	$\phi12$	$\phi16$	$\phi20$	$\phi20$	$\phi20$	$\phi20$	$\phi20$	$\phi25$	$\phi25$
导柱	导向段	$\phi20$	$\phi25$	$\phi32$	$\phi32$	$\phi40$	$\phi40$	$\phi40$	$\phi63$	$\phi63$
导柱	固定段	$\phi28$	$\phi35$	$\phi42$	$\phi42$	$\phi50$	$\phi50$	$\phi50$	$\phi63$	$\phi80$
导套	导向段	$\phi16$	$\phi20$	$\phi20$	$\phi20$	$\phi25$	$\phi32$	$\phi32$	$\phi40$	$\phi40$
推板导柱	导向段	$\phi16$	$\phi20$	$\phi20$	$\phi20$	$\phi25$	$\phi32$	$\phi32$	$\phi40$	$\phi40$
A板螺钉		6×M10	6×M10	6×M12	8×M12	8×M12	8×M12	10×M12	10×M16	12×M16
B板螺钉		6×M10	6×M10	6×M12	8×M12	8×M12	8×M12	10×M12	10×M16	12×M16
推板螺钉		M8	M8	M8	M10	M10	M10	M12	M16	M16
模座螺钉		4×M12	6×M12	4×M16	6×M16	8×M16	6×M20	8×M20	8×M24/10×M24	10×M24

四、型腔模板长、宽、厚设计步骤

1. 型腔模板与模仁布置图

（1）一模单腔型腔模板布置如图 1-12-3 所示。

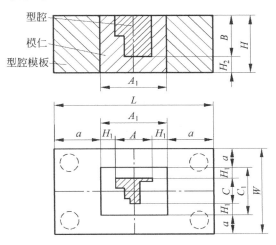

图 1-12-3　一模单腔型腔模板布置

（2）一模六腔矩形型腔模板布置如图 1-12-4 所示。

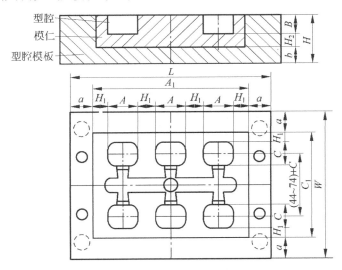

图 1-12-4　一模六腔矩形型腔模板布置

（3）一模六腔圆形型腔模板布置如图 1-12-5 所示。

2. 型腔模板长×宽×厚（$L \times W \times H$）设计应考虑的三个要素

（1）压铸工艺上的需要：

① 浇注系统、排溢系统所占用的位置，特别是卧式压铸机所用模具，通常模套位置应偏离模架中心。

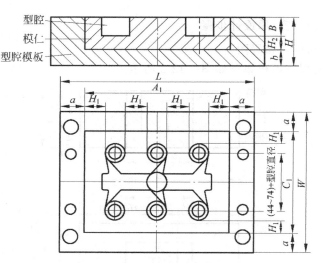

图 1-12-5　一模六腔圆形型腔模板布置

② 模温调节系统的空间位置。

（2）模具结构上的需要：

① 在模架横向位置，应留出导向零件和复位杆的位置。

② 压铸模上如果有侧向抽芯机构，还应留出侧抽芯的移动空间。

（3）模具强度要求（由模仁本身侧壁厚度 H_1 及型腔套模板边框尺寸 h_1 保证）：由模仁边缘厚度 H_1 来保证模具强度，再考虑浇口套所需尺寸，可确定模板尺寸 $A_2 \times C_2$；侧边 H_1 只需考虑导向零件和复位杆的位置要求，可确定模架。

3. 确定型腔模板外形尺寸（长×宽×厚）步骤

（1）确定模仁侧壁厚度 H_1 及底部厚度 H_2，见表 1-12-2。

根据型腔长、宽尺寸 $A \times C$ 及型腔深度 B，查表 1-12-2，得到模仁侧壁厚度 H_1 及底部厚度 H_2。

表 1-12-2　模仁侧壁厚度 H_1 及底部厚度 H_2 推荐值

型腔长度尺寸 $A(C)$/mm	型腔深度 B/mm	模仁侧壁厚度 H_1/mm	模仁底部厚度 H_2/mm
≤80	5～50	15～30	≥15
>80～120	10～60	20～35	≥20
>120～160	15～80	25～40	≥25
>160～220	20～100	30～45	≥30
>220～300	30～120	35～50	≥35
>300～400	40～140	40～60	≥40
>400～500	50～160	45～80	≥45

（2）确定模仁长、宽尺寸 $A_1 \times C_1$：在型腔周边增加一模仁侧壁厚 H_1；型腔底部增加一模仁底部厚度 H_2，得到模仁长、宽尺寸。

（3）确定模仁厚度 $H_2 + B$：在型腔底部增加表 1-12-2 所查的模仁底部厚度 H_2，得到模仁厚度 $H_2 + B$。

（4）根据所选压铸机锁模力的大小，查表 1-12-3，得型腔模板边框周边尺寸 a、留底厚度 b 及浇口套边缘到 A 板边缘距离 c。

表 1-12-3　型腔模板边框周边尺寸 a 及留底厚度 b

压力机额定锁模力/kN	周边尺寸 a/mm	留底厚度 b/mm		浇口套边缘到 A 板边缘距离 c/mm
		A 板	B 板	
<1800	60	50	60	50
2500～2800	80	50～60	80	50
4000～5000	100～120	70～80	100～120	50～60
6300～8000	140	80～110	140	60～80
10000～12500	140～150	90～110	140～150	定位孔边+25
>16000	150～160	100～120	150～160	定位孔边+30

（5）确定型腔模板长、宽尺寸 $L \times W$（无侧抽芯）：在模仁外侧增加一型腔模板边框尺寸 a，得型腔模板长、宽尺寸 $L \times W$。

（6）确定型腔模板长、宽尺寸 $L \times W$（有侧抽芯）

① 在有侧抽芯方向，模仁外侧增加一型腔套板边框尺寸 h_1'，$h_1' \geq$ 侧抽芯距离+2/3 侧抽芯滑块总长。

② 其他方向按模仁外侧增加一型腔模板边框周边尺寸 a。

（7）型腔模板厚度确定：型腔模板厚度＝留底厚度 b＋模仁厚度

（8）将计算所得模板尺寸长×宽×厚（$L \times W \times H$），分别套用标准模板长度、宽度、厚度。

五、模架型号的确定步骤

1. 确定模架型号

根据型腔模板标准长、宽尺寸，查表确定模架型号。

2. 确定垫高块高度 E

垫高块高度 $E \geq$ 推板厚度＋推杆固定板厚度＋推出行程＋（5～10）。

3. 标识模架

模板宽度 W×模板长度 L-定模板厚度×动模板厚度×垫高块厚度 E（GB/T4678—2003）。

六、对所选模架支承板厚度进行强度校核

支承板在动模中的位置及受力情况如图 1-12-6 所示，支承板的厚度随液态金属充型对模具的胀型力 F 和两垫高块之间的距离 B 增大而增厚。

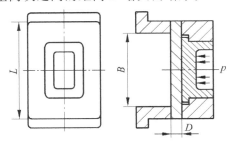

图 1-12-6　支承板在动模中的位置及受力图

支承板厚度见表 1-12-4,根据液态金属充型对模具的胀型力 $F=p \times A_总$,计算模具胀型力大小,再根据胀型力大小,查表得支承板厚度 D。

表 1-12-4　动模支承板厚度 D 推荐值

液态金属充型对模具的胀型力/kN	支承板厚度 D/mm
160~250	25、30、35
250~630	30、35、40
630~1000	35、40、50
1000~1250	50、55、60
1250~2500	60、65、70
2500~4000	75、85、90
4000~6300	85、90、100

七、动、定模座板的设计

1. 动、定模座板要求

(1)要留出紧固螺钉或安装压板的位置,以便将模具的定模座板安装在压铸机的定模座板上,把模具的动模座板安装在压铸机的动模座板上。

(2)若用紧固螺钉压紧座板,则 U 形槽位置及宽度与压铸机座板 T 形槽位置及宽度相对应。

(3)模具的定模座板浇口套(沉孔)的位置与尺寸要与所选的压铸机的定模座板孔(压室或喷嘴)位置与尺寸精确配合。

(4)对热压室压铸机而言,座板孔用于安装浇口套,座板孔与座板中心之间的距离应与压铸机偏心距相同。座板孔径=浇口套外径。

(5)动模座板需加工出孔,以通过压铸机顶杆,孔位及直径与顶杆对应。

(6)座板一般不做强度计算。

2. 动、定模座板图

在定模座板上开设 U 形槽如图 1-12-7 所示。

3. 热压室压铸机压铸模动、定模座板尺寸

热压室压铸机压铸模动、定模座板尺寸见表 1-12-5。

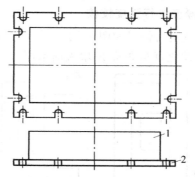

图 1-12-7　在定模座板上开设 U 形槽

1—定模板;2—定模座板

表 1-12-5　热压室压铸机压铸模动、定模座板尺寸

热压室压铸机型号	尺寸代号					
	动、定模座板长 $A \times$ 宽 C/(mm×mm)		动、定模座板厚度 H/mm	定模座板压室或浇口套用沉孔 D/mm	定模座板沉孔深度 h/mm	L/mm
	最大	最小				
JZ213	260×260	200×200	20～25	$\phi 28$	10	—
J2113	410×410	260×260	25～35	$\phi 55^{+0.03}_{0}$	$15^{+0.027}_{0}$	—

任务实施

抽屉拉手压铸模模架选择

1. 确定动、定模套板外形尺寸

(1) 型腔套板厚度 H＝型腔深 $24.86/(0.5～0.7)＝49.92$mm，取 65mm。

(2) 查表确定模仁侧壁厚 H_1：$H_1＝15～30$mm，取 $H_1＝15$mm。

(3) 确定模仁尺寸：型腔尺寸为 23.97mm，直径两边放大 $H_1＝15$mm，则模仁尺寸为 $23.97＋2×15$。模仁尺寸为 124×164。

(4) 确定动、定模套板外形尺寸长度 L 及宽带 W：查动、定模套板边框尺寸表得 $h_2＝50$。

$A＝164＋50×2＝264$；

$B＝124＋50×2＝224$。

2. 套模板标准尺寸

动模板尺寸为 200×315×65，定模套板尺寸为 200×315×25，动（定）模座板尺寸为 250×315×25。

3. 定、动模套板型腔、镶块及模板布置

定、动模套板型腔、镶块及模板布置图如图 1-12-8 所示。

初步选定为 200×315 模架，查表得动模支承板为 35。

4. 动模支承板厚度 D 校核

液态金属对压铸模胀型力：$F_{主}＝A \times p＝2849.9688×30＝85499.064$N＝85.5kN。

查表得：$D＝25,30,35$，选 35 满足要求。

5. 导向机构设计

导柱直径为 $\phi 20$，固定段直径为 $\phi 28$，导滑段长为 32，导套总长 45 即导柱 20×80×32（GB/T4678.5—2003），导套 20×45（GB/T4678.6—2003）。

6. 推板、推杆固定板设计

推板、推杆固定板宽度 125mm；长度 315mm，厚度分别为 20、12mm，即推板 315×125×20（GB/T4678.8—2003）、推杆固定板 315×125×12（GB/T4678.8—2003）。

7. 垫块高度 E 设计

宽 32mm，长 315mm，高≥推板厚度＋推杆固定板厚度＋推出距离＋10＝20＋12＋(20～25)＋(5～10)＝57～67mm，选垫块 315×60×32（GB/T4678.15—2003）。

8. 复位杆及各连接螺钉直径

(1) 复位杆直径 $\phi 16$。

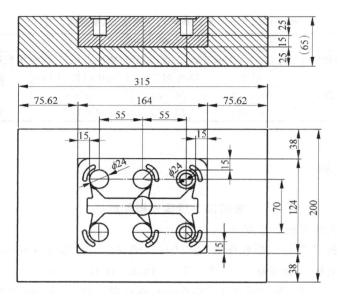

图 1-12-8　抽屉拉手压铸模定、动模套板型腔、镶块及模板布置

（2）定模套板与定模座板之间连接螺钉 6-M10。

（3）动模套板与支承板之间连接螺钉 6-M10。

（4）推板、推杆固定板连接螺钉为 4-M8。

（5）动模座板、垫块及支承板之间连接螺钉 4-M12。

9．标准模架标记

模架 A200315—30×50×70（GB/T4678—2003）。

10．压铸模验收技术条件

压铸模验收技术条件见 GB/T 8844—1988。

11．抽屉拉手压铸模模架

抽屉拉手压铸模模架图如图 1-12-9 所示。

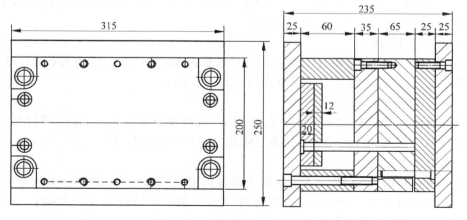

图 1-12-9　抽屉拉手压铸模模架

思考题

1. 横板长度确定步骤是先确定_____长、宽,再确定_____长、宽。
2. 确定垫高块高度之前,应根据横板长、宽查出_____厚度和_____厚度。
3. 模具动、定模座板长和宽与压铸机_____有关。

任务十三 抽屉拉手压铸模推出机构设计

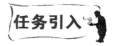

任务引入

根据图 1-1-1 和图 1-1-2 所示的家具用抽屉拉手实体图和平面图,确定压铸模推出机构类型、推管形式及尺寸;确定推管与动模镶块孔、推管与型芯的配合公差带和配合长度。要求压铸成型材料为锌合金。

任务操作流程

1. 脱模力的计算。
2. 校核锌合金受推压力。
3. 推管内、外径尺寸计算。
4. 推管外径与模板孔、推管内孔与型芯配合段长度计算。
5. 绘制压铸模推管及推管型芯图。

教学目标

※**能力目标**
能够根据压铸件图纸和推出机构特点,选择并设计相应压铸模推出机构。
※**知识目标**
1. 掌握推出机构种类、各自特点。
2. 掌握推管尺寸和数量。
3. 掌握推管与型芯及推管与套板孔的配合公差带和配合长度。

相关知识

一、推杆推出机构的工作过程

(1) 模具打开,压铸机顶杆将动力传给推板和推杆固定板,再传给推杆,推出铸件,如图 1-13-1 所示。

（2）推出铸件后，动模往定模方向运动，复位杆先顶住定模分型面，从而带动推杆固定板、推板及推杆后移，推出机构回到初始位置，如图 1-13-2 所示。

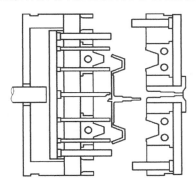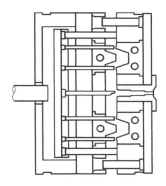

图 1-13-1　压铸模推出铸件状态　　　　图 1-13-2　压铸模处于合模状态

二、压铸模脱模力计算

压铸模脱模力按下式计算：

$$F_t \geqslant K \times p \times A(\mu\cos\alpha - \sin\alpha)$$

式中，F_t 为脱模力（N）；p 为挤压应力，锌合金 $p = (6\sim8)\,\text{MPa}$；A 为压铸件包紧型芯的侧面积（mm^2）；K 为安全系数，一般取 1.2 左右；μ 为压铸合金对型芯的摩擦系数，取 $0.2\sim0.6$；α 为型芯成型部分的拔模斜度。

三、压铸件受推面积 A 和受推压力 σ 及压铸合金许用受推压力 $[\sigma]$

（1）压铸件受推面积定义：铸件与推出元件接触面的面积。

（2）压铸件受推压力定义：压铸件单位接触面积上能承受的推力，$\sigma < [\sigma]$。

压铸件受推压力与压铸件合金种类、形状结构、壁厚、脱模温度有关。

（3）压铸锌合金最大受推压力 $[\sigma]$：锌合金 $[\sigma]$ 取 40MPa。

四、圆形推杆数量 n 及直径 d 的确定

由强度计算公式 $F_t \leqslant n \times \pi d^2 / 4 \times [\sigma]$，得

$$d \geqslant \sqrt{\frac{4F_t}{\pi n [\sigma]}}$$

五、压铸件推出行程与滞留件的最大成型长度的关系

压铸件推出行程 $S_\text{推}$ 直线推出时，与滞留铸件的最大成型长度 H 有关。

当 $H \leqslant 20\text{mm}$ 时，$S_\text{推} \geqslant H + (3\sim5)$；

当 $H > 20\text{mm}$ 时，$H/3 \leqslant S_\text{推} \leqslant H$

六、推杆材料及热处理

1. 推杆材料

T8A，T10A，3Cr2W8V（H21），4Cr5MoV1Si（H13）。

2. 热处理

表面硬度 55～58HRC。

七、推管推出机构

1. 推管推出机构组成及类型

推管推出机构由推管、推管型芯、推板、推杆固定板、复位杆等组成,其类型有 4 种,如图 1-13-3 所示。

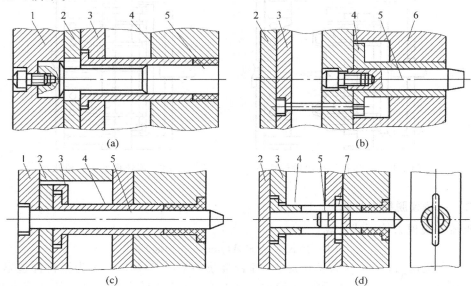

图 1-13-3　推管推出机构组成及类型

1—动模座板；2—推板；3—推杆固定板；4—推管；5—推管类型；6—动模板；7—方销

图 1-13-3(a):推管尾部为整体,用推杆固定板和推板固定,定位精确,推管强度高,型芯用螺钉固定在动模座板上,维修及更换容易。

图 1-13-3(b):用推杆将推管与推杆固定板刚性固定,型芯固定在支承板上,推管在动模板内移动。该结构推管较短,刚性好,制造方便,装配容易,但动模板厚度较大,适用于推出距离较短的铸件。

图 1-13-3(c):推管尾部为整体,用推杆固定板和推板固定,定位精确,推管强度高,型芯维修及更换容易,需在型芯尾部安装压板压紧型芯。

图 1-13-3(d):型芯用方销固定在支承板上,推管上中部轴向有两腰形长槽,以便推管做往复运动时方销可在槽内滑动。此结构比较紧凑,但型芯紧固力较小,用于小型芯的压铸模。

2. 推管推出机构特点

(1) 推管型芯包紧在推管型芯外围,推出时力的作用点距离包紧力中心较近,推出平衡均匀。

(2) 推管推出时作用面积大,故压铸件单位面积承受的推出力小,铸件变形小。

(3) 推管与推管型芯间隙配合,有利于压铸件成型时排气。

(4) 适合推出薄壁筒形压铸件,要求推管壁厚>1.5mm。

(5) 推管推出后,型芯喷刷涂料比较困难。

3. 推管推出机构设计要点

(1) 应保证推管在推出时不会擦伤型芯及动模镶块的相应成型表面，推管内、外径尺寸偏差见表 1-13-1。推管外径 $d_2 = D_2 - (0.2 \sim 0.5)$，推管内径 $d_1 = D_1 + (0.2 \sim 0.5)$，如图 1-13-4 所示。

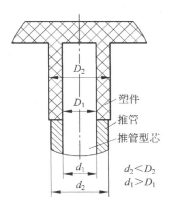

图 1-13-4　推管与压铸件尺寸

表 1-13-1　推管内、外径尺寸偏差

基本尺寸/mm	内径 d_1/mm	外径 d_2/mm		
	H8	锌合金	铝合金	铜合金
		f7	e8	d8
≤10	+0.02	−0.013	−0.025	−0.040
	0	−0.028	−0.047	−0.062
>10～18	+0.027	−0.016	−0.032	−0.050
	0	−0.034	−0.059	−0.077
>18～30	+0.033	−0.020	−0.040	−0.065
	0	−0.041	−0.073	−0.098
>30～50	+0.039	−0.025	−0.050	−0.080
	0	−0.050	−0.089	−0.119

(2) 推管内径在 $\phi 10 \sim \phi 60$ mm 范围内选取为宜，推管壁厚为 $1.5 \sim 6$ mm。

(3) 推管导滑封闭段配合长度 L 按下式计算：

$$L = S_\text{推} + 10 \geqslant 20$$

式中，$S_\text{推}$ 为推管推出距离。

(4) 推管非导滑部位尺寸结构如图 1-13- 5 所示。

(5) 推管型芯偏差带取 h7。

(6) 压铸件单位面积的受推压力 $\sigma \leqslant$ 压铸合金最大允许受推压力 $[\sigma]$。

(7) 推管的固定：推管安装在推杆固定板上，推管型芯固定在动模座板或支承板上。

(8) 推管材料及热处理

材料：T8A，T10A，3Cr2W8V(H21)，4Cr5MoV1Si(H13)。

热处理：表面硬度 $55 \sim 58$ HRC。

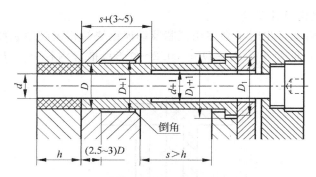

图 1-13-5　推管非导滑部位尺寸结构

任务实施

1. 脱模力的计算

$$F_t \geqslant 1.2 \times p \times A(\mu\cos\alpha - \sin\alpha)$$

式中,锌合金挤压应力 $p=(6\sim8)$MPa,取 7MPa;压铸件包紧型芯的侧面积 $A=\pi \times d \times h=$ $3.1415 \times 7 \times 15=329.9$mm^2;$F_t \geqslant 1.2 \times 7 \times 329.9(0.6\cos1° - \sin1°) = 2770.8 \times 0.58=$ 1613.8(N)。

2. 校核锌合金受推压力

(1) 铸件外径 $\phi16$、铸件内孔 $\phi7$;推管外径应为 $\phi15$,内孔为 $\phi8$;铸件与推管接触面积 $=\pi \times (15^2-8^2)/4=126.44$mm^2。

(2) 铸件受推压力 $\sigma = F_t/126.44=1613.8/126.44 \approx 12.78$MPa。

(3) 锌合金允许的最大受推压力 $[\sigma]=40$MPa。

(4) 铸件受推压力 $\sigma <$ 锌合金允许的最大受推压力 $[\sigma]$,推管尺寸满足强度要求。

3. 推管设计

(1) 推管尺寸计算:

① 外径尺寸 = 铸件外径 $-0.5 \times 2=16-1=15$,公差带 f7,即 $\phi15$f7。

② 内孔尺寸 = 铸件内孔 $+0.5 \times 2=7+1=8$,公差带 H8,即 $\phi8$H8。

③ 压铸件推出行程 $S_{推}$:

直线推出,从抽屉拉手图纸知,滞留铸件的最大成型长度 $H=22$mm。

$S_{推} \geqslant H+K=22+3=25$,取 $S_{推}=25$mm。

④(推管外径与模板孔、推管内孔与型芯)配合段长度 L

(2) 推管与动模镶件孔、推管与型芯的配合公差带和配合长度:

① 配合公差带:查表,锌合金推管外径与动模镶件孔配合公差带 H7/f7,推管与型芯的配合公差带 H8/h7。

② 配合长度:由于推管型芯内径 $d=7$,$L=3d=3 \times 7=21$mm,取 35mm。

4. 绘制抽屉拉手压铸模推管图

根据前面计算,绘制抽屉拉手压铸模推管及型芯图分别如图 1-13-6、图 1-13-7 所示。

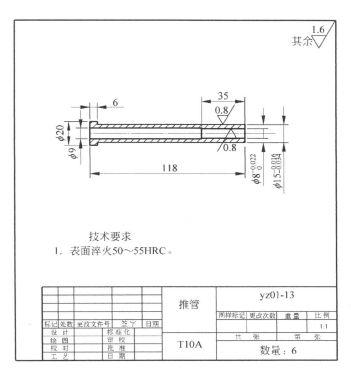

技术要求
1. 表面淬火50～55HRC。

						推管	yz01-13			
							图样标记	更改次数	重量	比例
										1:1
标记	处数	更改文件号	签字	日期						
设 计			标准化							
绘 图			审 校			T10A	共 张		第 张	
校 对			批 准				数量：6			
工 艺			日 期							

图 1-13-6　抽屉拉手压铸模推管

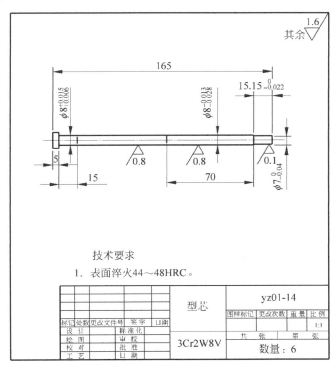

技术要求
1. 表面淬火44～48HRC。

						型芯	yz01-14			
							图样标记	更改次数	重量	比例
										1:1
标记	处数	更改文件号	签字	日期						
设 计			标准化							
绘 图			审 校			3Cr2W8V	共 张		第 张	
校 对			批 准				数量：6			
工 艺			日 期							

图 1-13-7　抽屉拉手压铸模推管型芯

知识拓展

模具零件制造工具、量具、夹具、刀具统计表，可根据其加工工艺过程卡所用刀具、夹具及机床填写，见表1-13-2。

表 1-13-2　模具零件制造工具、量具、夹具、刀具统计表

零件图号	零件名称	工序	刀具	数量	夹具	数量	量具	数量	机床
09m3-1-01	动模座板	画线			角铁	1	高度游标尺	1	
		钻孔	φ8 钻头	1	台钳	1	游标卡尺	1	台钻
		扩孔	φ14 扩孔钻	1	台钳	1	游标卡尺	1	摇臂钻

思考题

一、填空题

1. 成型锌合金所允许的挤压应力是（　　）。

　　A. 6～8MPa　　　　B. 10～12MPa　　　　C. 12～16MPa　　　　D. 16～18MPa

2. 成型锌合金推管内、外径偏差带分别为（　　）。

　　A. H7、h7　　　　B. H8、f7　　　　C. H7、f7　　　　D. H8、f8

3. 推管导滑封闭段长度为（　　）。

　　A. $S_{推}+10$　　　　B. 15～20　　　　C. ≥20　　　　D. $S_{推}+10 \geqslant 20$

二、问答题

推管推出机构的特点有哪些？

三、判断题

1. 推管热处理硬度为 40～45HRC。　　　　　　　　　　　　　　　　　　　　（　　）

2. 复位杆可以确保推出机构推出铸件后，回到起始位置。　　　　　　　　　　（　　）

3. 复位杆复位后应与分型面齐平，允许低于分型面的最大值为 0.2mm。　　　（　　）

4. 为防止推出部位留下推痕，铸件基准面不能布置推杆。　　　　　　　　　　（　　）

5. 推出力的大小与挤压应力无关。　　　　　　　　　　　　　　　　　　　　（　　）

6. 推管内径比压铸件内径小 0.2～0.5mm。　　　　　　　　　　　　　　　　（　　）

7. 推管外径比压铸件内径大 0.2～0.5mm。　　　　　　　　　　　　　　　　（　　）

四、应用题

图 1-13-8 所示为压铸模推出机构，回答以下问题：

（1）指出该推出机构的类型：＿＿＿＿＿＿＿

（2）指出下列零件的名称

零件 2 ＿＿＿＿＿＿＿；零件 7 ＿＿＿＿＿＿＿；

零件 8 ＿＿＿＿＿＿＿；零件 10 ＿＿＿＿＿＿＿。

（3）指出下面零件所起的作用

零件 2 的作用＿＿＿＿＿＿＿＿＿＿＿＿＿

零件 7 的作用＿＿＿＿＿＿＿＿＿＿＿＿＿

零件 8 的作用＿＿＿＿＿＿＿＿＿＿＿＿＿

（4）简述这种推出机构的推出过程。

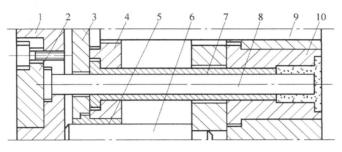

图 1-13-8　压铸模推出机构

任务十四 抽屉拉手压铸模装配图及零件图绘制

任务引入

根据图 1-1-1 和图 1-1-2 所示的家具用抽屉拉手实体图和平面图,完成抽屉拉手压铸模装配图及主要工作零件图绘制。要求选择合金材料。

任务操作流程

1. 查表,选择主要工作零件材料及热处理。
2. 查表,确定工作零件公差与配合。
3. 查表,确定主要工作零件形位公差和参数。
4. 查表,确定主要工作零件表面粗糙度。
5. 绘制模具装配图。

教学目标

※能力目标
能够根据压铸模设计计算,绘制压铸模装配图,编写技术要求,选择主要工作零件材料。
※知识目标
1. 熟悉压铸模装配图技术要求。
2. 掌握压铸模主要工作零件材料选择。
3. 掌握压铸模设计程序。
4. 掌握抽屉拉手压铸模装配图绘制。

相关知识

一、压铸模零件材料选择

1. 与金属液接触压铸模零件材料的选用及热处理要求

与金属液接触压铸模零件材料的选用及热外理要求,见表 1-14-1。

表 1-14-1　与金属液接触压铸模零件材料的选用及热处理要求

零 件 名 称		压铸合金			热处理要求	
		锌合金	铝、镁合金	铜合金	锌合金、铝合金、镁合金	铜合金
与 金 属 液 接 触 的零件	型腔镶块、型芯、滑块中成型部位等成型零件	4Cr5MoV1Si 3Cr2W8V (3Cr2W8) 5CrNiMo 4CrW2Si	4Cr5MoV1Si 3Cr2W8V (3Cr2W8)	3Cr2W8V (Cr2W8) 3Cr2W5Co5MoV 4Cr3Mo3W2V 4Cr3Mo3SiV 4Cr5MoV1Si	4Cr5MoV1Si (43～47HRC) 3Cr2W8V (44～48HRC)	38～42HRC
	浇道镶件、浇道套、分流锥等浇注系统	4Cr5MoV1Si 3Cr2W8V (3Cr2W8)				

2. 不与金属液接触的压铸模零件材料的选用及热处理要求

不与金属液接触的压铸模零件材料的选用及热处理要求,见表 1-14-2。

表 1-14-2　不与金属液接触的压铸模零件材料的选用及热处理要求

模 具 零 件 名 称	模 具 材 料	热处理硬度/HRC
导柱、导套等导向导滑零件；滑块、斜滑块、斜导柱等抽芯零件	T8A、T10A	表面淬火 50～55
复位杆	T8A、T10A	表面淬火 50～55
推杆、推管、推板	4Cr5MoV1Si 3Cr2W8V	表面淬火 45～50
定模套板、动模套板、支承板等支承与固定零件；定模座板、动模座板、垫块等模架零件；推板、推杆固定板	45	调质 28～32
	Q235-A 铸钢	退火

二、压铸模技术要求

1. 装配图需注明的技术要求

(1) 压铸件的浇注系统及主要尺寸。

(2) 模具的最大外形尺寸(长×宽×高)。

(3) 选用压铸机的型号。

(4) 压室内径和比压或喷嘴直径。

(5) 最小的开模行程。

(6) 推出机构的推出行程。

(7) 模具有关附件的规格、数量和工作程序。

(8) 注明特殊机构的动作过程。

2. 压铸模装配后应达到的技术要求

（1）在分型面上，动、定模镶块平面应分别与动、定模套板齐平或略高，高出量≤0.05mm。

（2）推杆复位后，应与对应的动模型芯表面平齐或允许高出其表面，高出量小于0.1mm。

（3）复位杆复位后，应与分型面平齐或允许略低于分型面，低出量小于0.05mm。

（4）模具所有活动部件，应保证位置准确、动作可靠，不得有歪斜和卡滞现象。相对固定的零件之间不允许窜动。

（5）侧滑块运动应平稳，合模后侧滑块与楔紧块均匀接触并且压紧，两者实际接触面积≥0.75mm² 设计接触面积，开模抽芯结束后，定位准确可靠，抽出的型芯端面与铸件上相应孔的端面距离≥2mm。

（6）合模后动、定模分型面应紧密贴合，局部间隙小于0.05mm（排气槽除外）。

（7）浇道转接处应光滑连接，镶拼处应密封，未注脱模斜度≥5°，表面粗糙度 R_a≤0.4μm。

（8）分型面上所有工艺孔、螺钉孔都应堵塞，并与分型面平齐。

（9）模具冷却水通道应畅通，不得有渗漏现象。进出水口应有明显标记。

（10）模具分型面对动、定模板安装平面的平行度有一定要求，见表 1-14-3。

表 1-14-3　模具分型面对动、定模板安装平面的平行度要求

被测面最大直线长度/mm	≤160	>160～250	>250～400	>400～630	>630～1000	>1000～1600
公差值/μm	0.06	0.08	0.10	0.12	0.16	0.20

（11）导柱、导套对动、定模板安装平面的垂直度有一定要求，见表 1-14-4。

表 1-14-4　导柱、导套对动、定模板安装平面的垂直度要求

导柱、导套有效长度/mm	≤40	>40～63	>63～100	>100～160	>160～250
公差值/μm	0.015	0.020	0.025	0.030	0.040

三、压铸模结构零件径向配合公差

压铸模结构零件径向配合公差见表 1-14-5、表 1-14-6。

表 1-14-5　零件之间固定不动的径向配合公差带

配 合 零 件	配 合 公 差 带
镶块与套板、型芯与镶块、浇口套和模板、分流锥和镶块等配合	H7/h6（圆形） H8/h7（异形）
直导套、斜导柱、楔紧块、销钉、限位钉和模板的配合	H7/m6
导柱与模板、台阶导套和模板、推板导柱和模板、推板导套和推板的配合	H7/k6

表 1-14-6　零件之间相互滑动的径向配合公差带

配 合 零 件		配合公差带
① 推杆、推管和镶块配合 ② 侧型芯和镶块配合 ③ 型芯、分流锥和推件板配合 ④ 型芯和推管的配合	锌合金	H7/f7
	镁、铝合金	H7/e7
	铜合金	H7/e8
① 斜滑块和模板（镶块）配合 ② 大型滑块和模板的配合	锌合金	H7/e8
	镁、铝合金	H7/e8～H7/d8
	铜合金	H7/d8～H7/c8
① 动、定模导柱、导套之间配合 ② 离型腔远的滑块与模板配合 ③ 复位杆与模板（镶块）的配合	锌、镁、铝合金	H7/e7～H7/e8
	铜合金	H7/e8～H7/d8
推板导柱、导套之间配合；滑块定位销与孔		H8/d8

四、压铸模结构零件表面粗糙度

压铸模结构零件表面粗糙度见表 1-14-7。

表 1-14-7　压铸模结构零件表面粗糙度

分　　类		工 作 部 位	表面粗糙度 R_a/μm
成型表面		型腔、型芯	0.4；0.2；0.1
受金属液冲刷的表面		内浇口附近的型腔、型芯,内浇口及溢流槽流入口	0.2；0.1
浇注系统表面		直浇道、横浇道、溢流槽	0.4；0.2
安装面		动、定模座板,模脚与压铸机的安装面	0.8
受压力较大的摩擦表面		分型面、滑块楔紧面	0.8；0.4
导向部位表面	轴	导柱、导套和斜销的导滑面	0.4
	孔		0.8
与金属液不接触的 滑动件表面	轴	复位杆与孔配合面,滑块、斜滑块传动机构滑动 表面	0.8
	孔		1.6
与金属液接触的滑 动件表面	轴	推杆与孔的配合面、卸料板镶块及型芯滑动面、滑 块的密封面等	0.8；0.4
	孔		1.6；0.8
固定配合表面	轴	导柱与导套、型芯与镶块、斜销与弯销、楔紧块和模 套等固定部位	0.8
	孔		1.6；0.8
组合镶块拼合面		成型镶块拼合面,精度要求较高的固定组合面	0.8
加工基准面		划线的基准面,加工和测量基准面	1.6
受压紧力的台阶表面		型芯、镶块的台阶表面	1.6
不受压紧力的台阶表面		导柱、导套、推杆和复位杆台阶表面	1.6
排气槽表面		排气槽	1.6；0.8
非配合表面		其他	6.3；3.2

五、压铸模设计程序

1. 分析压铸件结构

（1）在满足压铸件结构强度的条件下,宜采用薄壁结构。

（2）压铸件所有转角处,应当有适当的铸造圆角,以免模具相应部位形成棱角,使该处产生裂纹。

(3) 压铸件应尽量避免窄而深的凹穴,以免模具相应部分出现尖劈,使散热条件恶化而产生断裂。

(4) 分析压铸件尺寸精度用压铸方法加工能否达到,若不能达到,则应留加工余量以便后加工。

2. 选择压铸机型号

根据铸件的形状、尺寸及工厂实际压铸机的拥有情况,选定压铸机的型号规格。

3. 设计模具结构

模具中各结构元件应有足够的刚性,以承受锁模力和金属液充填时的反压力,且不产生变形。

尽量防止金属液正面冲击或冲刷型芯,避免浇道流入处受到冲蚀。合理选择模具镶块组合形式,避免模具中出现锐角、尖劈,以减少热处理时出现裂纹现象。成型处有拼接会在铸件上留下拼接痕,拼接痕的位置应考虑铸件的美观和使用性能。模具尺寸应与所选压铸机相对应。

4. 选择模具分型面及浇注系统

根据分型面选择基本原则,合理选择分型面位置,根据铸件的结构特点,合理选择浇注系统,使铸件具有最佳的压铸成型条件、最长的模具使用寿命和最好的模具机械加工性能。

5. 绘制压铸模装配图

压铸模装配图反映各零件之间的装配关系、主要零件的形状、尺寸及压铸的工作原理。

6. 刚度和强度校核

对成型零件及支承板进行刚度或强度校核。

7. 拆绘压铸模零件图

首先从成型零件开始,然后再逐步设计动、定模套板、垫板、滑块等结构零件图。

任务实施

1. 主要工作零件材料选择

主要工作零件为型芯 14 和定模镶块 13(型腔),直接与锌合金液接触,查表,选 4CrMoV1Si(H13)材料。

2. 主要工作零件热处理要求

表面淬火硬度:43～47HRC。

3. 主要工作零件公差与配合

查表,型芯 14 与动模镶块 15、动模镶块 15 与动模套板、定模镶块 13 与定模套板 9 的径向配合为 H7/h6(圆形)。

4. 主要工作零件形位公差和参数

型芯工作段外径与安装端面圆跳动,选 6 级精度。

型芯工作段外径与固定段外径同轴度,选 5 级精度。

型腔与定模镶块分型面圆跳动,选 6 级精度。

定模镶块分型面与套板端面平行度,选 5 级精度。

5. 主要工作零件表面粗糙度

主要工作零件表面粗糙度选 $R_a \leqslant 0.2 \mu m$。

6. 绘制模具装配图、拆绘零件图

将项目一任务 1~9 所计算的各相关尺寸绘制模具装配图、拆绘零件图,如图 1-14-1~图 1-14-16 所示。

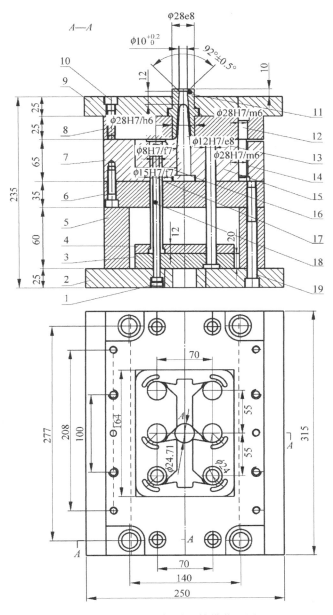

图 1-14-1　抽屉拉手压铸模装配图

技术要求

1. 本压铸模用于 JZ213 型压铸机。

2. 模具最大外形尺寸为 315×250×235。

3. 模架 A200315－30×50×70 GB/T4678－2003。

4. 压铸件合金为 ZZnAl4Y。

5. 压铸模推出行程为 25。

6. 压铸模最小开模行程为 60。

序号	代号	名称	数量	材料	单重	总重	备注
					重量		
19	GB/T70—2000	内六角圆柱头螺钉	4				12×100
18	yz01-14	型芯	6	3Cr2W8V			46～52HRC
17	yz01-13	推管	6	T10A			50～55HRC
16	yz01-12	动模镶块	6	3Cr2W8V			46～52HRC
15	GB/T4678.12—2003	复拉杆	4	T10A	50-	55HRC	M2×60
14	GB/T4678.6—2003	A 型导套 20×45	4	T10A			50～55HRC
13	yz01-11	分流锥	1	3Cr2W8V			44～48HRC
12	GB/T4678.4—2003	A 型导柱 20×32×80	4	T10A			50～55HRC
11	yz01-10	浇口套	1	3Cr2W8V			44～48HRC
10	GB/T70—2000	内六角圆柱头螺钉	12				M10×40
9	yz01-9	定模座板	1	45			28～32HRC
8	yz01-8	定模板	1	45			28～32HRC
7	yz01-7	动模板	1	45			28～32HRC
6	yz01-6	支承板	1	45			28～32HRC
5	yz01-5	垫高块	2	45			28～32HRC
4	yz01-4	推杆固定板	4	45			28～32HRC
3	yz01-3	推板	1	45			28～32HRC
2	yz01-2	动模座板	1	45			28～32HRC
1	yz01-1	顶丝	6	45			28～32HRC

图 1-14-2　抽屉拉手压铸模装配图明细

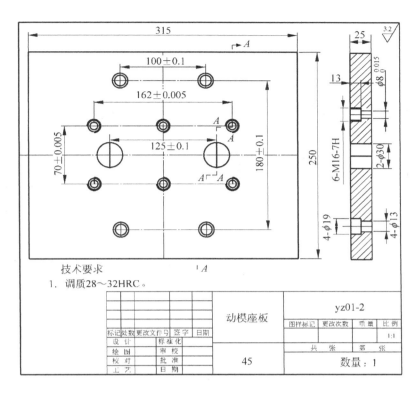

技术要求

1. 调质28～32HRC。

							动模座板		yz01-2			
									图样标记	更改次数	重量	比例
标记	处数	更改文件号	签字	日期								1:1
设计			标准化						共　张		第　张	
绘图			审校					45				
校对			批准						数量：1			
工艺			日期									

图 1-14-3　抽屉拉手压铸模动模座板

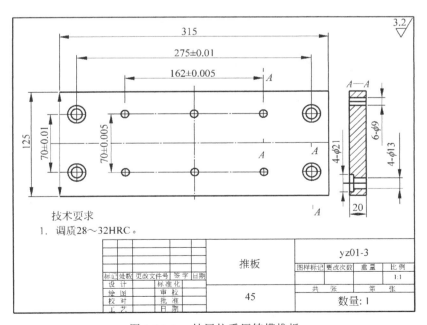

技术要求

1. 调质28～32HRC。

							推板		yz01-3			
									图样标记	更改次数	重量	比例
标记	处数	更改文件号	签字	日期								1:1
设计			标准化						共　张		第　张	
绘图			审校					45				
校对			批准						数量:1			
工艺			日期									

图 1-14-4　抽屉拉手压铸模推板

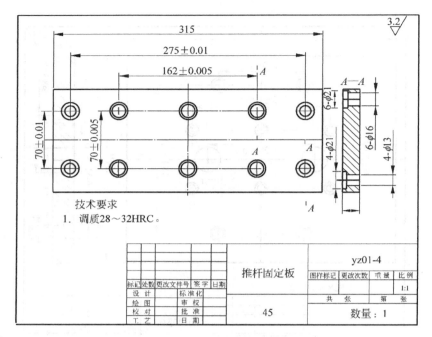

技术要求

1. 调质28～32HRC。

							推杆固定板		yz01-4			
								图样标记	更改次数	重量	比例	
标记	处数	更改文件号	签字	日期							1:1	
设 计		标准化						共 张		幅 张		
绘 图		审 校										
校 对		批 准		45				数量：1				
工 艺		日 期										

图 1-14-5　抽屉拉手压铸模推杆固定板

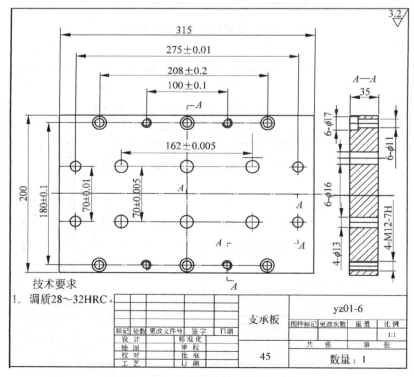

技术要求

1. 调质28～32HRC。

							支承板		yz01-6			
								图样标记	更改次数	重量	比例	
标记	处数	更改文件号	签字	日期							1:1	
设 计		标准化						共 张		第 张		
绘 图		审 校										
校 对		批 准		45				数量：1				
工 艺		日 期										

图 1-14-6　抽屉拉手压铸模支承板

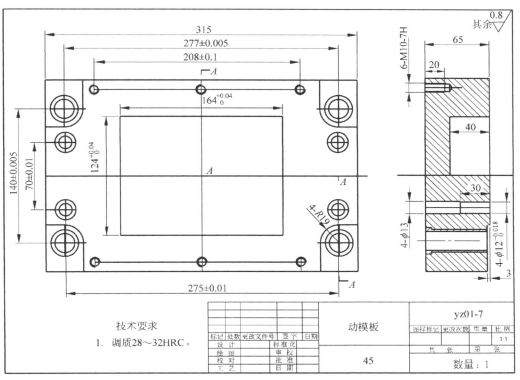

技术要求
1. 调质28～32HRC。

							动模板		yz01-7			
标记	处数	更改文件号	签字	日期				图样标记	更改次数	重量	比例
						设　计		标准化				1:1
						绘　图		审　校				
						校　对		批　准	45	共　张	第　张	
						工　艺		日　期			数量：1	

图 1-14-7　抽屉拉手压铸模动模板

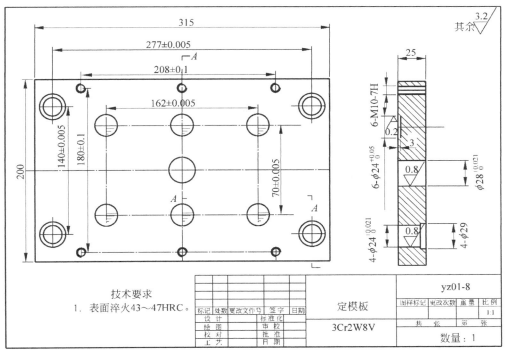

技术要求
1. 表面淬火43～47HRC。

							定模板		yz01-8			
标记	处数	更改文件号	签字	日期				图样标记	更改次数	重量	比例
						设　计		标准化				1:1
						绘　图		审　校				
						校　对		批　准	3Cr2W8V	共　张	第　张	
						工　艺		日　期			数量：1	

图 1-14-8　抽屉拉手压铸模定模板

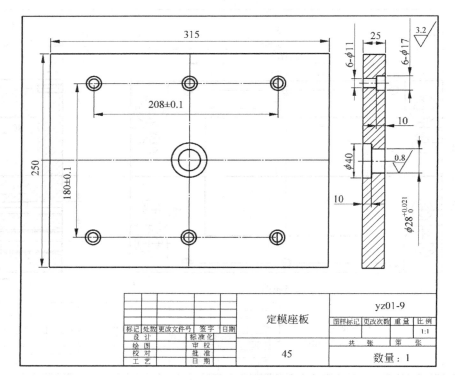

图 1-14-9　抽屉拉手压铸模定模座板

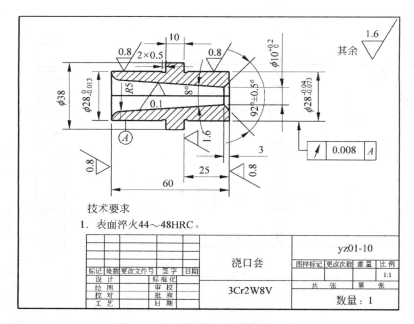

技术要求

1. 表面淬火 44~48HRC。

图 1-14-10　抽屉拉手压铸模浇口套

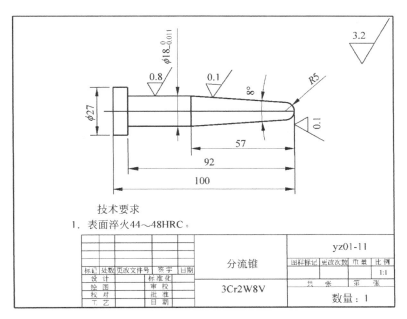

技术要求

1. 表面淬火44~48HRC。

					分流锥	yz01-11			
						图样标记	更改次数	重量	比例
									1:1
标记	处数	更改文件号	签字	日期					
设　计			标准化		3Cr2W8V	共　张		第　张	
绘　图			审　校						
校　对			批　准			数量：1			
工　艺			日　期						

图 1-14-11　抽屉拉手压铸模分流锥

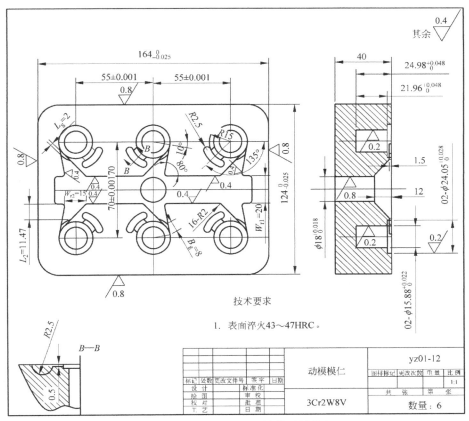

技术要求

1. 表面淬火43~47HRC。

					动模模仁	yz01-12			
						图样标记	更改次数	重量	比例
									1:1
标记	处数	更改文件号	签字	日期					
设　计			标准化		3Cr2W8V	共　张		第　张	
绘　图			审　校						
校　对			批　准			数量：6			
工　艺			日　期						

图 1-14-12　抽屉拉手压铸模动模模仁

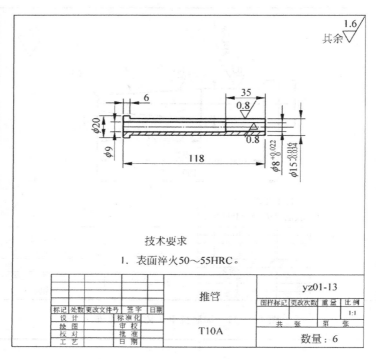

技术要求

1. 表面淬火50～55HRC。

						推管		yz01-13			
								图样标记	更改次数	重量	比例
标记	处数	更改文件号	签字	日期							1:1
设 计			标准化					共 张		第 张	
绘 图			审 核			T10A					
校 对			批 准					数量：6			
工 艺			日 期								

图 1-14-13　抽屉拉手压铸模推管

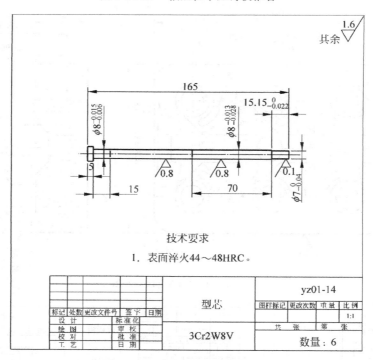

技术要求

1. 表面淬火44～48HRC。

						型芯		yz01-14			
								图样标记	更改次数	重量	比例
标记	处数	更改文件号	签字	日期							1:1
设 计			标准化					共 张		第 张	
绘 图			审 核			3Cr2W8V					
校 对			批 准					数量：6			
工 艺			日 期								

图 1-14-14　抽屉拉手压铸模型芯

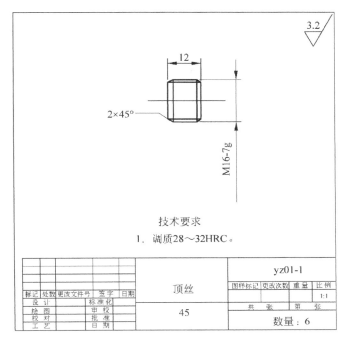

图 1-14-15　抽屉拉手压铸模顶丝

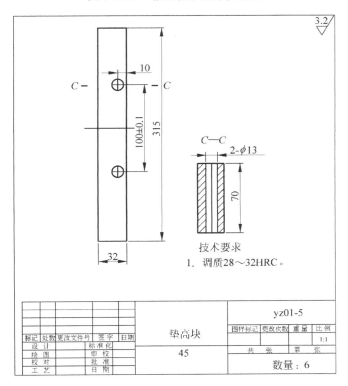

图 1-14-16　抽屉拉手压铸模垫高块

知识拓展

国内压铸模设计软件介绍

由华中科技大学基于 UGⅡ平台上开发的三维压铸模设计 AutoCAD,根据铸件和合金类型可以进行以下工作:

(1) 进行压铸模结构设计。

(2) 型腔、型芯设计。

(3) 浇注系统设计。

(4) 模架调用。

(5) 压铸模装配图设计。

(6) 压铸模零件设计。

(7) 压铸工艺参数计算与选择。

思考题

1. 压铸模在装配图上要标明哪些技术条件?

2. 如何掌握压铸模结构零件的公差与配合?

3. 在图样上如何标注形位公差及表面粗糙度?

项目二

壳体铝合金卧式
冷压室压铸机压铸模设计

任务一　壳体材料选择

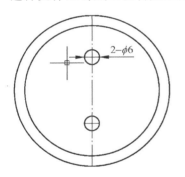

任务引入

图 2-1-1 及图 2-1-2 分别为壳体平面图和立体图。该铸件要求强度高,重量轻,在100℃以上高温、高湿工作环境能正常工作;根据要求选择压铸合金及其熔炼设备类型、选择壳体压铸成型设备类型及工艺过程。

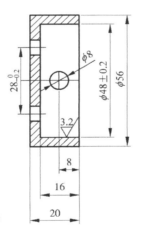

技术要求

1. 未注圆角$R1$;
2. 未注公差为IT14;
3. 脱模斜度为1°;
4. 材料为YL102。

图 2-1-1　壳体平面图

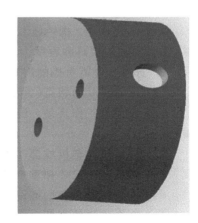

图 2-1-2　壳体立体图

任务操作流程

1. 根据铸件受力状态、工作环境、工作条件和生产条件,选择合金种类。
2. 根据所选合金,确定熔炼设备和压铸成型设备种类。
3. 确定合金熔炼工艺。

4. 确定合金成型工艺。

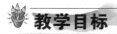

教学目标

※能力目标

1. 能够根据压铸件使用性能选用材料。
2. 能够选择压铸合金的熔炼设备类型。
3. 能够选择压铸件成型设备类型及其成型工艺过程。

※知识目标

1. 熟悉铝合金性能及其应用。
2. 掌握铝合金熔炼工艺。
3. 熟悉铝合金成型设备及工艺过程。

相关知识

一、压铸合金的选择

1. 选择原则

在满足压铸件使用性能的前提下,尽可能选择工艺性能好的压铸合金。

(1) 使用性能:力学性能、物理及化学性能;用强度、硬度、密度、熔点、热导率、线膨胀系数等指标衡量。

(2) 工艺性能:指铸造工艺性能、切削加工性、焊接性、热处理性能、流动性、抗热裂纹性、合金黏附模具的程度。

2. 选择合金需考虑的因素

(1) 压铸件受力状态(大小、方向、类型等)。

(2) 压铸件工作环境:温度高低、是否要密封及哪类密封、工作接触介质(海水、酸碱、潮湿空气)。

(3) 压铸件在整机或部件中所处的工作条件。

(4) 对压铸件尺寸和重量是否有限制。

(5) 本单位的合金熔炼设备、压铸机和工艺装置及操作水平。

(6) 合金价格的高低。

二、压铸铝合金特点和用途

1. 压铸铝合金优点

(1) 密度 ρ 为 $2.7 \sim 2.9 \mathrm{g/cm^3}$,熔点高为 $650\,^{\circ}\mathrm{C}$ 左右,比强度大($\sigma_b / \rho = 9 \sim 15$),高温力学性能很好,低温下工作时能保持良好的力学性能(尤其是韧性)。

(2) 具有良好的耐蚀性,在高温工作时仍有良好的抗蚀性和抗氧化性能。

(3) 铝合金的导电性和导热性都很好,并具有良好切削性能。

(4) 铝有较大的比热容和凝固潜热,大部分铸铝合金有较小的结晶温度间隔。

（5）线收缩率较小，具有良好的填充性能、较小的热裂倾向。

2. 压铸铝合金缺点

易黏模，需采用防黏模涂料。

三、常用压铸铝合金力学性能及应用范围

常用压铸铝合金力学性能及应用范围见表 2-1-1。

表 2-1-1　常用压铸铝合金力学性能及应用范围

合金牌号	合金代号	力学性能≥			应用范围
		抗拉强度 σ_b/MPa	伸长率 δ /％（$L_0＝50$）	布氏硬度 /HBS	
YZAlSi12	YL102	220	2	60	适用各种薄壁铸件
YZAlSi10Mg	YL104	220	2	70	适用大中型铸件
YZAlSi12Cu2	YL108	240	1	90	适用各种铸件
YZAlSi9Cu4	YL112	240	1	85	适用大中型铸件
YZAlSi11Cu3	YL113	230	1	80	适用大中型铸件
YZAlSiCu5Mg	YL117	220	＜1	85	适用大中型铸件
YZAlMg5Si1	YL303	220	2	70	适用压铸各种薄壁件及在高强度下工作的铸件

四、铝合金压铸件应用领域及应用实例

1. 应用领域

铝合金压铸件广泛应用于饮料容器、建筑材料、航空航天工业、地面运输工业、造船及发动机、电气和电子学材料、热交换器等领域。

2. 应用实例

部分常见应用实体如图 2-1-3 所示。

图 2-1-3　铝合金压铸件实体

五、铝合金的熔炼

1. 熔炼设备

铝合金熔炼设备需要石墨坩埚或金属坩埚。

2. 熔炼前的准备

(1) 熔炼工具准备：钟罩、压瓢、搅拌勺、浇包。

(2) 清理熔炼炉：对炉内杂物和炉壁上堆积的氧化物和残渣进行清理。

新坩埚及长期未用的旧坩埚，使用前均应吹砂，并加热到 700～800 ℃，保持 2～4h，以烧除附着在坩埚内壁的水分及可燃物质，待冷却到 300℃ 以下时，仔细清理坩埚内壁，在温度不低于 200℃ 时喷涂料。

(3) 对熔炼炉和熔炼工具喷涂涂料：将熔炼炉和熔炼工具预热到 200℃ 左右，在它们表面涂上耐火涂料。

(4) 炉料处理：由合金锭加 60％ 左右的回炉料。使用前应经吹砂处理，以去除表面的锈蚀、油脂等污物；在入炉前均应预热，以去除表面附着的水分，缩短熔炼时间在 3h 以上。

(5) 变质细化剂烘烤：将预先配制好的精炼变质细化剂按处理铝硅液量的需要称量好，放入烘箱，在 200～300℃ 下烘烤 4～6h，备用。

(6) 熔液转运设备准备：用叉车等运输工具或管道运输。

3. 铝合金熔炼步骤

(1) 装料熔化：先将回炉料装入熔炼炉，再按设定铝硅配比加入纯铝和纯硅；熔化后搅拌均匀，再加入所需中间合金，待化清后搅拌均匀；当铝熔化后，铝液温度达到 690～720℃ 时加入纯硅，炉温控制在 670～760℃ 之间

(2) 熔炼：炉料完全熔化后，将金属液加热到 700～730℃，进行精炼、变质、细化综合处理，并按需要调整好铝液的化学成分。

(3) 调温至已知工艺要求温度时，出炉浇注，打净炉中铝液表面浮渣，按铝硅液重量的 1.8％～2.8％ 将烘烤好的精炼变质细化剂撒在铝液表面，用浸盐勺压入，使其与埚底部保持 100～150mm 距离，来回上下搅动，直到液面不再冒泡，处理时间为 15～25min。

4. 铝合金的熔炼工艺关键点

(1) 装料：当用金属锭和中间合金熔炼时，先装金属锭，再装中间合金；当用合金锭与回炉料熔炼时，则先装炉料，再加入为调整化学成分所需的金属锭或中间合金；对一些易损耗、低熔点的炉料（Mg、Zn、Sn），应该在熔化末期，等其他炉料熔化完后，于 690～790℃ 倒入；在炉容量足够情况下，可同时加入回炉料，合金锭及中间合金，将其全部熔化后，于 690～790℃ 加入 Mg、Zn 等。

(2) 熔化：尽量缩短熔炼时间，严格控制温度，防止合金液过热，熔炼时间越长，合金液过热度越高，合金吸气和氧化越严重，特别是采用固体、气体、液体的埚炉更应注意，熔炼时需要加入熔剂。

(3) 精炼

① 目的：去除合金液中的气体和氧化夹杂物。

② 精炼剂：氯盐、氯化物、六氯化烷。

③步骤：在浇注前检验金属液含气量，方法是用小勺舀取精炼后的合金液，倒入模具中，用预热的薄铁片刮熔液表面，看其表面是否有气泡冒出，符合标准后，可正常使用，表面冒泡严重时，应重新精炼。

压铸铝合金要在熔剂保护下进行熔炼和保温，防止合金液吸气产生氧化夹杂物。

5. 压铸铝合金熔炼技术要点

（1）纯铝在坩埚内熔化后，铝液温度达到 690～720℃ 时加入纯硅。

（2）当铝硅液温度达到 700～730℃ 加入 10kg 的 $NaNO_3$、13kg 的 $BaCl_2$、10kg 的 NaF、13kg 的 Na_3AlF_6、21kg 的 K_2TiF_6、6kg 的 KBF_4、13kg 的 $NaCl$ 和 10kg 的碳粉配制成的精炼变质细化剂，用浸盐勺压入铝液面下，距坩埚底 100～150mm 距离。

这样，可使合金的精炼、变质、细化一次完成，操作时间缩短，减少合金熔炼增铁，提高铝合金质量，减少对环境的污染。

六、铝合金压铸成型设备

铝合金压铸成型设备常选用卧式冷压室压铸机。

1. 卧式冷压室压铸机

卧式冷压室压铸机外形图如图 2-1-4 所示。

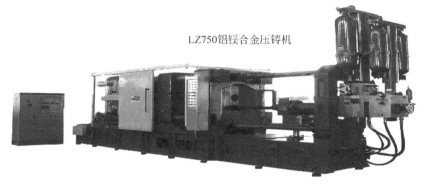

LZ750铝镁合金压铸机

图 2-1-4　卧式冷压室压铸机

2. 卧式冷压室压铸机工作过程

卧式冷压室压铸机工作过程示意图如图 2-1-5 所示。

七、铝合金成型工艺过程

铝合金成型工艺过程示意图如图 2-1-6 所示。

（1）冷压室式压铸机压室与熔炉分开，压铸时，用定量勺从保温炉中将金属液倒入压室加料口 2。

（2）冲头向前运动，将合金液压入型腔，型腔冷却凝固，模具推杆 6 将铸件推出，这时，冲头回到原位。

八、冷压室压铸机成型特点

冷压室压铸机的压室与金属液接触时间短，适合于铸造熔点较高的合金，如铜、铝和镁等有色合金及一些黑色合金的铸件。

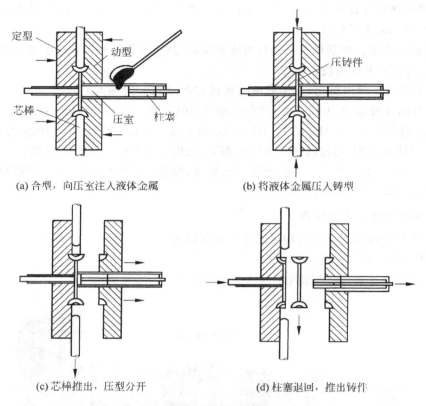

(a) 合型，向压室注入液体金属   (b) 将液体金属压入铸型

(c) 芯棒推出，压型分开   (d) 柱塞退回，推出铸件

图 2-1-5 卧式冷压室压铸机工作过程示意图

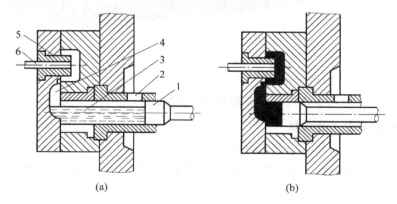

(a)   (b)

图 2-1-6 铝合金成型工艺过程示意图

1—冲头；2—加料口；3—液态铝合金；4—横浇道；5—型芯；6—推杆

任务实施

1. 壳体合金材料选择

由于壳体要求强度高，重量轻，100℃以上高温、高湿工作环境，锌合金密度大，存在老化现象，且一般工作温度在100℃以下，无法满足要求。而镁合金承载能力相对较差，且合金价格较高；综合这些情况选择壳体材料为铝合金。考虑到铸件壁厚较大，尺寸较小，选 YZAlSi12 铝硅系列合金，合金代号 YL102。

2. 壳体合金熔炼设备选择

由于 YZAlSi12 铝合金含硅较高，选用金属坩埚，尽量不用石墨坩埚。

3. 壳体压铸成型设备类型

壳体压铸成型设备选用卧式冷压室压铸机。

4. 铝合金压铸成型工艺过程

卧式冷压室压铸机的冲头向前运动，将合金液压入型腔，型腔冷却凝固，模具推出机构将铸件推出，这时冲头回到原位。

思考题

1. 铝合金易黏模；一般用_____方法和_____方法来克服这个缺点。

2. 铝合金压铸成型设备为_____压铸机。

3. 冷压室压铸机压室与金属液接触_____短；用于铸造_____合金。

4. 铝合金熔炼设备一般采用_____。

任务二　壳体结构工艺性设计

任务引入

根据图 2-1-1 和图 2-1-2 所示的壳体平面图和立体图，对壳体进行结构工艺性设计。该铸件要求强度高，重量轻，在 100℃ 以上高温、高湿工作环境能正常工作。

任务操作流程

1. 根据铸件材料及图纸查表，确定壳体的工艺结构。
2. 根据所查的工艺结构，设计铸件图。

教学目标

※能力目标

能够根据铸件材料及图纸查表，进行铸件壁厚、圆角半径、孔深及孔径、脱模斜度等结构工艺性设计。

※知识目标

熟悉结构工艺性设计内容。

相关知识

见项目一任务二。

任务实施

壳体结构工艺性设计

1. 壁厚设计

壳体为铝合金，壁厚处面积为 $\pi \times (56/2)^2 = 2462.94\text{mm}^2 = 24.63\text{cm}^2$。

查表 1-2-1，YZAlSi12 正常壁厚和最小壁厚表，得正常壁厚为 2.0mm，最小壁厚为 0.8mm。考虑到壳体受力，取壁厚为 4mm。

2. 铸造圆角

两壁垂直连接时，等壁壁厚的铸造圆角 r＝壁厚＝4mm。

3. 铸造脱模斜度

查表 1-2-4，铝合金非配合面铸造斜角为 1°，现设为 1°。

4. 孔及孔深

查表 1-2-5，铝合金经济上合理铸孔直径＝2.5mm，现设为 6mm，通孔允许深度 $8d$＝48mm，现设为 4mm，能够铸造。

知识拓展

压铸铝合金的表面耐蚀处理

1. 阳极氧化

同时具备功能性及装饰性表层，大部分阳极氧化铝合金件薄涂层厚度为 2～25μm。氧化层可以加工染上各种颜色，氧化层的不导电性使其安全用于不同的电器产品配件上。

2. 磷化/铬化

磷化/铬化是一种非金属及较薄的涂层，通过磷化合物会于金属表面形成置换层，制品处理后能提高耐腐蚀性及耐磨性。铬化膜是目前耐蚀能力最好的铝转化膜。

3. 微弧氧化

用高电压于铝合金件上生成陶瓷化表面膜，涂层硬度及耐磨性极高，而且耐蚀性及绝缘性能都比阳极氧化更佳。

思考题

一、填空题

1. 铝合金压铸容易发生黏模现象，加入_____金属可以使其得到改善。

2. 卧式冷压室压铸机工作原理是：_____。

3. 压铸铝合金缺点是_____。

4. 压铸铝合金优点有_____。

5. 铝合金的熔炼设备有_____。

6. 冷压室压铸机成型特点是_____，一般用来成型_____金属。

二、判断题

1. 要求强度高、比重小的航空发动机汽缸需用铜合金做压铸材料。　　　　（　　）

2. 一般情况下，铝合金压铸件壁厚应在 1～6mm 之间。　　　　　（　　）

3. 铝合金铸件压铸螺纹的最小螺距是 1mm。 （　　）

4. 压铸电动机转子用的原材料是铝镁合金。 （　　）

5. 合金牌号 ZZnAl4 代表铝合金。 （　　）

任务三 壳体压铸成型工艺卡的编制

任务引入

根据图 2-1-1 和图 2-1-2 所示的壳体平面图和立体图,完成壳体压铸成型工艺卡编制。该铸件要求强度高,重量轻,在 100℃ 以上高温、高湿工作环境能正常工作。

任务操作流程

1. 根据铝合金,查表得到壳体压铸工艺参数。
2. 根据铸件、浇注系统在分型面总投影面积,计算锁模力,初选压铸机型号。
3. 对所选压铸机进行容量校核。
4. 校核模具与压铸机(安装、定位)尺寸及顶出力、顶出行程等。
5. 将所选压铸工艺参数、压铸机型号填入压铸工艺卡。

教学目标

※能力目标
1. 能够查阅表格,合理选择压铸件成型工艺参数。
2. 能够正确选择压铸件成型设备。
※知识目标
1.掌握有关工艺参数选择及压铸机结构、特点。
2.掌握卧式冷压室压铸机型号含义及其选择步骤。

相关知识

一、压铸成型工艺参数

1. 各种压铸合金常用压射比压

各种压铸合金常用压射比压见表 2-3-1。

表 2-3-1　各种压铸合金常用压射比压

压铸件种类	压射比压 p/MPa			
	锌合金	铝合金	镁合金	铜合金
一般件	13～20	30～50	30～50	40～50
受力件	20～30	50～80	50～80	50～80
耐气密性或大平面薄壁件	25～40	80～120	80～100	60～100
电镀件	20～30			

2. 常用铝合金的充填速度

常用铝合金的充填速度见表 2-3-2。

表 2-3-2　常用铝合金的充填速度

合金种类	简单件	一般铸件	复杂壁厚铸件
锌合金、铜合金/(m/s)	10～15	15	15～20
镁合金/(m/s)	20～25	25～35	35～40
铝合金/(m/s)	10～15	15～25	25～30

3. 压铸铝合金浇注温度

压铸铝合金浇注温度见表 2-3-3。

表 2-3-3　压铸铝合金浇注温度

合金种类	压铸件结构特点　温度	铸件壁厚≤3mm		铸件壁厚＞3mm	
		结构简单	结构复杂	结构简单	结构复杂
铝合金	铝硅合金/℃	610～650	640～700	590～630	610～650
	铝铜合金/℃	620～650	640～720	600～640	620～650
	铝镁合金/℃	640～680	660～700	620～660	640～680
镁合金/℃		640～680	660～700	620～660	640～680

4. 压铸铝合金的压铸模预热温度及工作温度

压铸铝合金的压铸模预热温度及工作温度见表 2-3-4。

表 2-3-4　压铸铝合金的压铸模预热温度及工作温度

合金种类	压铸件结构特点　温度	铸件壁厚≤3mm		铸件壁厚＞3mm	
		结构简单	结构复杂	结构简单	结构复杂
铝合金	预热温度/℃	150～180	200～230	150～180	120～150
	连续工作保持温度/℃	180～240	250～280	180～200	150～180
铝镁合金	预热温度/℃	170～190	220～240	170～190	150～170
	连续工作保持温度/℃	200～220	260～280	200～240	180～200

续表

压铸件结构特点		铸件壁厚≤3mm		铸件壁厚>3mm	
合金种类 温度		结构简单	结构复杂	结构简单	结构复杂
镁合金	预热温度/℃	150～180	200～230	150～180	120～150
	连续工作保持温度/℃	180～240	250～280	180～220	150～180

5. 充填时间与铸件的平均壁厚的推荐值

充填时间与铸件的平均壁厚的推荐值见表 2-3-5。

表 2-3-5　充填时间与铸件的平均壁厚推荐值

铸件平均壁厚/mm	充填时间/s	铸件平均壁厚/mm	充填时间/s
1	0.010～0.014	5	0.048～0.072
1.5	0.014～0.020	6	0.056～0.064
2	0.018～0.026	7	0.066～0.100
2.5	0.022～0.032	8	0.076～0.116
3	0.028～0.040	9	0.088～0.136
3.5	0.034～0.050	10	0.100～0.160
4	0.040～0.060		

6. 铝合金压铸常用的持压时间

铝合金压铸常用的持压时间见表 2-3-6。

表 2-3-6　铝合金压铸常用的持压时间

铸件壁厚/mm	<2.5	2.5～6
持压时间/s	1～2	3～8

二、壳体压铸成型设备

壳体压铸成型设备选用卧式冷压室压铸机。

1. 卧式冷压室压铸机结构

卧式冷压室压铸机结构如图 2-3-1 所示。

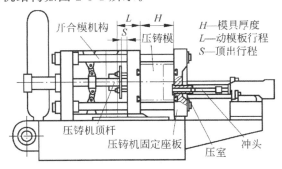

图 2-3-1　卧式冷压室压铸机结构

2. 卧式冷压室压铸机外形

卧式冷压室压铸机外形如图 2-3-2 所示。

图 2-3-2　卧式冷压室压铸机外形图

3. 卧式冷压室压铸机成型工艺过程

卧式冷压室压铸机成型工艺过程示意图如图 2-3-3 所示。

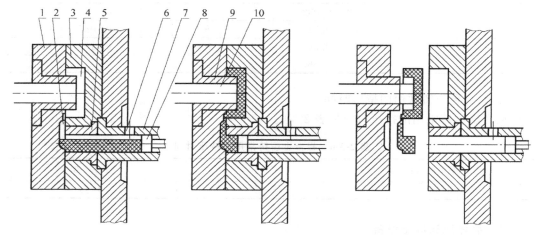

图 2-3-3　卧式冷压室压铸机成型工艺过程示意图

1—模具动模部分；2—浇注系统；3—模具定模部分；4—型腔；5—浇口套；

6—加料口；7—压室；8—压射冲头；9—型芯；10—推杆

（1）冷压室式压铸机压室与熔炉分开，压铸时，用定量勺从保温炉中将金属液倒入压室加料口 6。

（2）冲头向前运动，将合金液压入型腔，型腔冷却凝固，模具推杆 10 将铸件推出，这时，冲头回到原位。

4. 卧式冷压室压铸机配件实体

压室实体如图 2-3-4 所示，压铸机冲头实体如图 2-3-5 所示。

5. 卧式冷压室压铸机特点

（1）冷压室压铸机的压室与金属液接触时间短，适合于压铸熔点较高的合金，如铜、铝和镁等有色合金及一些黑色合金的铸件。

图 2-3-4 卧式冷室压铸机压室　　　　图 2-3-5 卧式冷室压铸机冲头

（2）金属液进入型腔时转折少，压力损失小，有利于发挥增压机构作用。

（3）一般压室位置设在压铸机座板下方位置。

（4）操作程序简单，生产效率高，设备维修方便，也容易实现自动化。

（5）金属液在压室内与空气接触面积大，压射时容易卷入空气和氧化夹渣。

（6）需要设置中心浇口的铸件，模具结构复杂。

6. 压铸机的选用

（1）压铸机选用原则：

① 应满足铸件生产要求。

- 铸件在分型面上的投影面积：压铸时金属液在此面积上产生的反压力必须小于合模力（即压铸机锁模力）。

- 铸件重量不超过压室的额定容量。

- 铸件高度受模具厚度和压铸机开模距离限制。

② 应考虑企业生产发展。

③ 应考虑压铸机的价格与质量。

④ 应考虑压铸机厂商的售后服务。

（2）压铸机的选择：

① 压铸机的选择应考虑压铸机不同品种和数量、压铸机不同结构和工艺参数两个问题。

② 压铸机选择方法：根据压铸所需锁模力初选压铸机型号，再对所选压铸机进行压室容量和开模距离等校核。

（3）压铸机锁模力的计算：

① 锁模力的作用。为了克服压铸时的反压力，以锁紧模具的分型面，防止金属液飞溅，造成事故或影响压铸件质量。

② 压铸件成型时所需压铸机的合型力（锁模力）可按下式计算：

$$F_{锁} \geqslant 1.25(F_{主} + F_{分})$$

式中：$F_{锁}$ 为压铸机许可的额定锁模力（kN）；$F_{主}$ 为压铸时金属液对压铸模主胀型力（kN）；$F_{分}$ 为分胀型力（kN）。

- 主胀型力的计算

$$F_{主} = A_{主} \times p$$

式中，$F_{主}$ 为主胀型力（N）；$A_{主}$ 为铸件在分型面上的总投影面积，一般增加 30% 作为浇注系统与溢流排气系统的面积（mm^2）；p 为压射比压（MPa）。

- 分胀型力计算

斜导柱抽芯、斜滑块抽芯时分胀型力的计算：

$$F_{分} = \sum [A_{芯} \times p \times \tan\alpha]$$

式中，$F_分$为分胀型力（N）；$A_芯$为侧向活动型芯端部成型部分投影面积总和（mm^2）；p为压射比压（MPa）；α为楔紧块的楔紧角（°）。

（4）压铸机压室容量的校核

$$m_1 > \sum m = \frac{V_1 + V_2 + V_3}{1000}\rho$$

式中，m_1为压铸机可容纳的金属液的质量（kg）；$\sum m$为浇入压室的金属液的质量（kg）；$V_1 + V_2 + V_3$为各压铸件体积及浇注系统、排溢系统余料体积之和；ρ为合金密度（g/cm^3），铝合金密度为 2.6～2.7（g/cm^3）。

7. 国产卧式冷压室压铸机型号含义

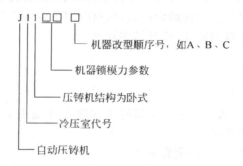

卧式冷压室压铸机型号含义举例：

J116A—锁模力为 630kN 的卧式冷压室压铸机。

J1125B—锁模力为 2500kN 第二次改型的卧式冷压室压铸机。

8. 部分国产卧式冷压室压铸机座板联系图及技术参数

（1）J113 型卧式冷压室压铸机座板联系图如图 2-3-6 所示，技术参数见表 2-3-7。

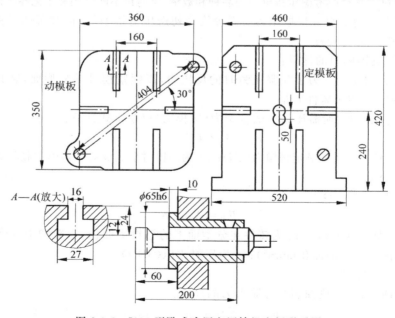

图 2-3-6　J113 型卧式冷压室压铸机座板联系图

表 2-3-7　J113 型卧式冷压室压铸机的主要技术参数

名　称	数　值
锁模力/kN	250
压射力/kN	35
模具最大/最小厚度/mm	320/120
动模行程/mm	250
模具尺寸/(mm×mm)	240×330
推出行程/mm	
压射位置/mm	0,50
压射回程力/kN	14.7
一次金属浇入量(铝)/kg	0.18,0.26,0.35
压室直径/mm	25,30,35
压射比压/MPa	79.9,55.9,49.7
铸件投影面积/cm²	26,37,51
最大压射行程/mm	200
开模行程(mm)	250

（2）J116C 型卧式冷压室压铸机座板联系图如图 2-3-7 所示，技术参数见表 2-3-8。

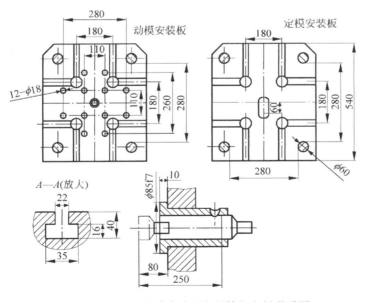

图 2-3-7　J116C 型卧式冷压室压铸机座板联系图

表 2-3-8　J116C 型卧式冷压室压铸机的主要技术参数

名　称	数　值
锁模力/kN	630
压射力/kN	85
压室直径/mm	30,40,45
推出力/kN	49
模具最大/最小厚度/mm	350/150
冲头(压射)行程/mm	270
拉杆内间距/(mm×mm)	280×280
推出器行程/mm	80
压射位置/mm	0,60
压室有效容积(铝)/kg	0.7
(铸件＋浇注系统)投影面积/cm²	60～131,78.8～170
压射行程/mm	250

　　(3) J1110A 型卧式冷压室压铸机座板联系图如图 2-3-8 所示,技术参数见表 2-3-9。

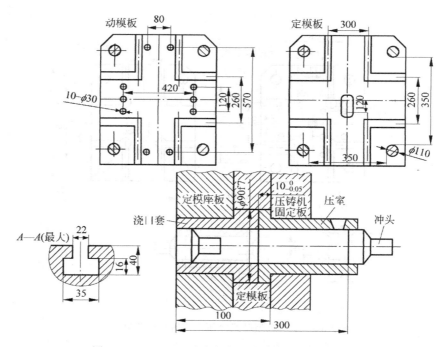

图 2-3-8　J1110A 型卧式冷压室压铸机座板联系图

表 2-3-9 J1110A 型卧式冷压室压铸机的主要技术参数

名　　称	数　　值
锁模力/kN	1000
压射力/kN	70～150
压室直径/mm	$\phi40,\phi50$
推出力/kN	80
模具最大/最小厚度/mm	450/150
冲头(压射)行程/mm	300
拉杆内间距/(mm×mm)	350×350
推出器行程/mm	60
压射位置/mm	0,60,120
压室有效容积(铝)/kg	0.64,1.0
最大压铸面积/cm²	280
动模座板行程/mm	300

（4）J1125G 型卧式冷压室压铸机座板联系图如图 2-3-9 所示，技术参数见表 2-3-10。

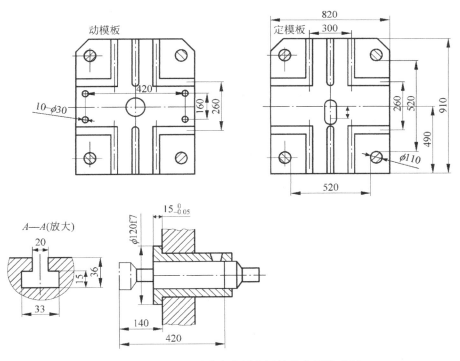

图 2-3-9 J1125G 型卧式冷压室压铸机座板联系图

表 2-3-10　J1125G 型卧式冷压室压铸机的主要技术参数

名　称	数　值
锁模力/kN	2500
压射力/kN	140～280
开模力/kN	196
推出器推出力/kN	140
模具最大/最小厚度/mm	650/250
合模行程/mm	500
拉杆内间距/(mm×mm)	520×420
推出器行程/mm	100
压射位置/mm	0,80,160
压室直径/mm	50,60,75
压室最大容量(铝)/kg	3.0
开模行程/mm	400
最大压铸投影面积/cm²	879

任务实施

1. 工艺参数选择

根据压铸件材料(YL102)及铸件图分析,铸件结构形状简单,为受力件,壁厚为 4mm。

(1) 压射比压:查表知,压射比压 $p=50～80$MPa,取 65MPa。

(2) 充模速度:查表知,$v=20～60$m/s;铸件平均壁厚为 4mm,取 $v=34～42$m/s。

(3) 合金浇铸温度:查表知,铸件结构简单,平均壁厚＝4mm,铝合金材料,含硅,故合金浇铸温度为 590～630℃。

(4) 模具工作温度:查表知,选 150～170℃。

(5) 模具预热温度:铸件结构简单,平均壁厚＝4mm,选 150～170℃。

(6) 充填时间:查表知,由于铸件平均壁厚为 4mm,故充填时间为:0.06～0.1s。

(7) 持压时间:查表知,铸件平均壁厚＞2.5mm,铝合金材料,故持压时间选 3～8s。

(8) 开模时间:查表知,铸件平均壁厚＝4mm,铝合金材料,故留模时间选 10～15s。

将(6)、(7)、(8)相加,压铸循环周期＝0.04＋3＋10＝13.04s 到 0.1＋8＋15＝23.1s。

2. 压铸涂料和润滑油

由于铝合金材料易黏模,压铸涂料选 P46 中的氟化钠水喷在成型面上,涂料稀释比例为 3:97,压射冲头及压室用润滑油选石墨机油。

3. 填写成型工艺卡

将以上所查参数填入空白的工艺过程卡中。

4. 壳体压铸成型设备——压铸机的选择

(1) 压铸件为对称零件,无侧抽芯,故无分胀型力,只有主胀型力,选压铸件右端面做分型面。假设一模两型腔，在 AutoCAD 图中查到单个铸件在分型面投影面积为 $3128.4mm^2$，两个铸件在分型面上总投影面积为

$$A = 2 \times 3128.4 + 0.3 \times (2 \times 3128.4) = 8133.84mm^2$$

（2）根据前面查到的工艺参数，压射比压 $p = 50 \sim 80MPa$，取 65MPa，即 $65N/mm^2$。

（3）主胀型力的计算

$$F_主 = A_主 \times p = 8133.84 \times 65 = 528699.6N = 528.7kN$$

（4）分胀型力的计算（本壳体有一个 $\phi 8$ 的侧孔）

$$F_分 = A_侧 \times p \times \tan\alpha = 2 \times (\pi \times 8^2/4) \times 65 \times \tan 20° = 2378.3N = 2.38kN$$

（5）锁模力的计算

$$F_锁 = 1.25 \times (F_主 + F_分) = 1.25 \times (528.7 + 2.38) = 663.85kN$$

由于铸件为铝合金，故选冷压室压铸机，模具非中心浇口。选卧式冷压室压铸机，初选额定锁模力为 1000kN 的压力机。辽宁阜新压铸机厂的 J1110A 型，压室直径为 $\phi 40$、$\phi 50$ 可选用。

（6）压铸机压室一次最大金属浇入量校核

从 J1110A 型卧式冷压室压铸机座板联系图知，壳体所用压室尺寸为 $\phi 40$，沉孔深 $10^{+0.05}_{0}$，沉孔直径 $\phi 90H8$，冲头凸出模具座板为 100。

① 压室最大许可容量 G_{max}：查 J1110 压铸机主参数表知，$D_室 = \phi 40mm$，压室最大容量 $G_{max} = 640g$。

② 压铸件浇注时，每次浇注所需合金总质量 $G_总$：$G_总 = 2 \times G_{压铸件} + G_{浇注}$。

从 UG 三维图中查到单个铸件体积：$V_{压铸件} = 19.88cm^3$；

单个铸件重量：$G_{压铸件} = \rho \times V_{压铸件} = 2.7 \times 19.88 = 53.68g$；

估算浇注系统重量：$G_{浇注} = 0.3 \times 2 \times G_{压铸件} = 32.3g$；

$G_总 = 2 \times G_{压铸件} + G_{浇注} = 2 \times 53.68 + 32.3 = 139.66g$。

③ 压室最大许可容量 G_{max} 与浇注所需合金总质量 $G_总$ 比较：

由于 G_{max} 为 640g，故 $G_{max}(640g) > G_总(139.66g)$。

结论：J1110A 型卧式冷压室压铸机容量满足壳体压铸要求。

将所选工艺参数及设备型号 J1110A 填入壳体压铸成型工艺卡中相应位置，见表 2-3-11。

思考题

1. 压铸成型工艺参数有 _____；_____；_____；_____；_____ 和 _____。

2. J1125G 锁模力 _____ kN；允许的模具最大厚度为 _____；压室最大容量（铝）为 _____ kg。

3. 卧式冷压室压铸机一般用来成型 _____ 类压铸合金；其配件主要有 _____ 和 _____。

4. 压室最大容量与压室 _____ 和冲头的 _____ 成正比。

表 2-3-11　壳体压铸成型工艺卡

××压铸厂压铸工艺卡					
产品名称	壳体	工序名称	压铸	文件编号	02
产品编号		工序编号	20	版本编号	01
				总 1 页	第 1 页

压铸机型号	J1110A
压铸模具编号	YM002
压室/压射冲头规格	φ40
料坯号	005
压射(室)位置	0-120
每模件数	2
浇铸总质量/g	139.66
压铸件单件质量/g	53.68
原材料	YL102
涂料型号	氟化钠水
涂料稀释比例	3∶97

技术要求
1. 未注圆角为 R1;
2. 未注公差为 IT14;
3. 脱模斜度为 1°;
4. 材料为 YL102。

φ56　φ48±0.1　φ8　28$_{-0.2}^{0}$　8　16　20　3.2　2-φ6

序号	控制项目	生产工具/设备	大小	特性	检查方法	每次检查量	检验频率	控制方法
1	压射压力(比压)/MPa	压铸机	50~80		压力计	100%	连续	工序控制表
2	充填型腔时压射位置/mm		105		标尺	100%	连续	工序控制表
3	充填型腔时充填速度/(m/s)		15~20		手轮圈数	100%	连续	工序控制表
4	金属液浇注温度/℃		590~630		温度表	100%	连续	工序控制表
5	压铸模具工作温度/℃	模温机	180~200		自动显示	100%	连续	自动控制
6	充填时间/s		0.04~0.06		手轮圈数	100%	连续	工序控制表
7	持压时间/s		3~8		自动计时器	100%	连续	自动控制
8	压射冲头润滑油	石墨机油			手动涂刷	100%	连续	100%自检
9	余料厚度/mm		15		目测或钢直尺	100%	连续	100%自检
更改根据								
更改标记				编制		审核	会签	批准
更改日期								

操作要点:
1. 每班开始时预热压铸模,试模到压铸件尺寸形状及表面质量符合要求后开始正常生产。
2. 操作员须 100%进行压铸件表面质量自检,不允许存在欠铸、裂纹、多肉、污痕、拉伤、黏模、冷隔、气泡等。
3. 注意在内浇口和易黏模处喷涂涂料。
4. 注意喷涂型芯,取件时注意保护压铸件。
5. 孔拉伤深度应小于 0.3mm。
6. 压铸件必须整齐码放在工位器具内,压铸件之间用纸板隔开。

反应计划　隔离,通知领班

任务四　壳体压铸模结构设计

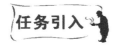

任务引入

根据图 2-1-1 和图 2-1-2 所示的壳体平面图和立体图,选择壳体压铸模结构。该铸件要求强度高,重量轻,在 100℃以上高温、高湿工作环境能正常工作。

任务操作流程

1. 根据压铸合金种类,选择压铸模大体结构。
2. 根据铸件结构,确定压铸模具体结构。
3. 卧式冷压室压铸机压铸模基本结构。

教学目标

※能力目标
能够根据压铸合金种类,正确选择压铸模结构。
※知识目标
掌握卧式冷压室压铸机压铸模组成、结构特点。

相关知识

一、卧式冷压室压铸机压铸模部件结构组成

按压铸模在生产过程中是否做开合模运动及与压铸机连接方式,压铸模分为定模和动模两个部分,如图 2-4-1 所示。

1. 定模部分
定模与压铸机压射机构连接,并固定在定模安装板上,浇注系统与压室相通。

2. 动模部分

动模则安装在压铸机的动模安装板上,并随动模安装板移动而与定模合模或开模。

图 2-4-1 卧式冷压室压铸机压铸模结构组成

二、卧式冷压室压铸机用偏心浇口压铸模基本结构

卧式冷压室压铸机用偏心浇口压铸模基本结构如图 2-4-2 所示。

1. 卧式冷压室压铸机用偏心浇口压铸模基本结构组成

按各结构单元功能,压铸模分为 10 个部分。

(1)浇注系统:指连接模具型腔和压铸机压室的部位,引导金属进入型腔的通道。如浇口套 18、动模模仁 13、定模模仁 15。

(2)成形部件:指决定压铸件几何形状和尺寸精度的部位。它包括定模模仁和动模模仁;合拢后,构成型腔的零件称为成型零件,还包括固定的和活动的型腔镶块和型芯。如动模模仁 13、侧型芯 14、定模模仁 15、型芯 21。

(3)推出及复位机构:将压铸件从模具中推出的机构,包括推出、复位零件,还包括这个机构自身的导向和定位零件。如推板 1、推杆固定板 2、推杆 25、28、31、推板导套 33、复位杆 32,推板导柱 34。

(4)排溢系统(溢流系统和排气系统):排除压室、浇道和型腔中的气体及存储前端冷金属及涂料灰烬的通道,包括排气槽和溢流槽,一般开设在成型零件上。

(5)侧抽芯机构:完成侧向型芯抽出及复位功能的机构。用来抽动与开合模方向运动不一致的型芯,合模时完成插芯动作,压铸件推出前完成抽芯动作,以便压注模具能够打开。如侧滑块 9、楔紧块 10、斜销 11、侧型芯 14、限位挡块 4、拉杆 5、垫片 6、螺母 7、弹簧 8。

(6)导向零件:引导动、定模在开合模时可靠地按照一定方向进行运动的零件。如导柱 19、导套 20。

(7)支承部分:将模具各部分按一定的规律和位置加以组合和固定,并使模具能够安装到压铸机上。如底板 35、垫板 3、托板 24、B 板 23、A 板 22、定模座板 16。

(8)其他件:紧固件(螺钉)、定位件(销钉、限位钉)。

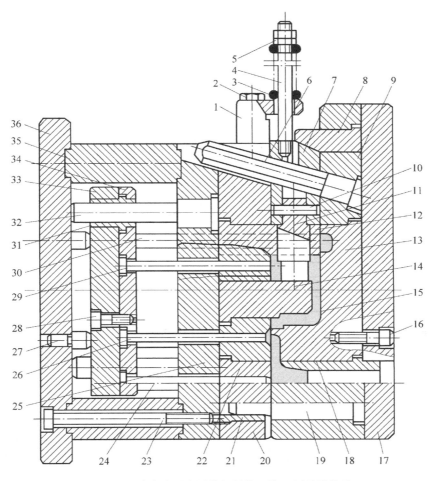

图 2-4-2　卧式冷压室压铸机用偏心浇口压铸模结构

1—推板；2—推杆固定板；3—垫板；4—限位挡块；5—拉杆；6—垫片；7—螺母；8—弹簧；9—侧滑块；
10—楔紧块；11—斜销；12、27—圆柱销；13—动模模仁；14—侧型芯；15—定模模仁；16—定模座板；
17、26、30—内六角螺钉；18—浇口套；19—导柱；20—导套；21—型芯；22—A 板；23—B 板；24—托板；
25、28、31—推杆；29—限位钉；32—复位杆；33—推板导套；34—推板导柱；35—底板

（9）冷却加热系统：使模具温度保持平稳。

（10）其他装置：如故障报警、压铸过程监控、自动浇注、喷涂、取件等装置。

2．卧式冷压室压铸机用偏心浇口模具结构特点

（1）浇口套（压室）中心偏离模具（压铸机）中心，但模具中心与压铸机中心重合。

（2）型腔位于浇口套上方，可保证之前金属液不会流入型腔。

（3）与模具浇口套配套的压铸机压室向下偏置，偏置量大小查阅压铸机使用说明书。

（4）压铸模靠近面板处的浇口套外侧有一沉孔，用于与压铸机压室外圆柱面配合。

三、卧式冷压室压铸机用中心浇口压铸模

1. 卧式冷压室压铸机用中心浇口压铸模的结构特点

卧式冷压室压铸机用中心浇口压铸模结构图如图 2-4-3 所示。

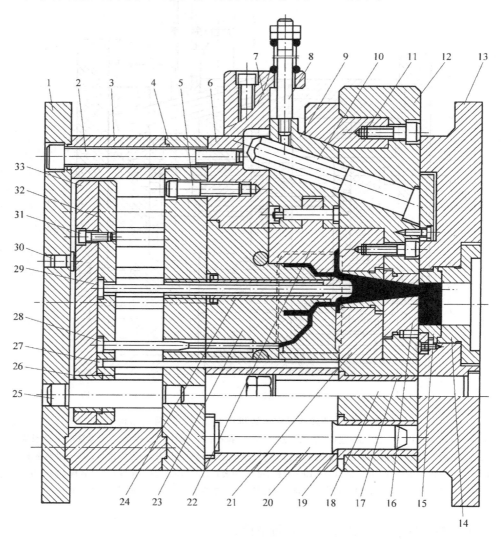

图 2-4-3　卧式冷压室压铸机用中心浇口压铸模结构图

1—底板；2、5、31—螺钉；3—垫高块；4—托板；6—B 板；7—限位挡块；8—拉杆；
9—侧滑块；10—斜销；11—楔紧块；12—A 板；13—面板；14—浇口套；15—螺旋槽浇口套；
16—浇道镶块；17—导套；18—定模拉杆导柱；19—导套；20—导柱；21—定模模仁；
22—侧型芯；23—动模模仁；24—分流锥；25—推板导柱；26—推板导套；27—复位杆；
28—推杆；29—中心推杆；30—垃圾钉；32—顶针固定板；33—推板

（1）模具直浇道小端设在浇口道的上方，以防压射冲头尚未工作时，金属液自行流入型腔。

（2）浇口道（压室）中心与模具中心可以重合，为取出压室中余料，将螺旋槽浇口套 15 做出内螺纹，开模时，压射冲头随动模及定模套板移动，推出余料，在推出的同时，余料被螺旋槽浇口套 15 内螺纹强制扭转而切断落下，切断后，定模套板被定模拉杆导柱 18 挡住，动模继续移动，开模推出铸件。

2. 卧式冷压室压铸机用中心浇口压铸模的工作原理

卧式冷压室压铸机用中心浇口压铸模有两个分型面。

（1）模具合模后，注入卧式压铸机的金属液在压射冲头作用下通过浇注系统进入型腔，金属液在加压情况下凝固。

（2）冷却一定时间后开模，动模部分向后移动，模具首先在面板与 A 板间打开，压铸机压射冲头在螺旋槽浇口套 15 中向前推动，由于浇口套内孔中有螺旋槽，浇注系统余料在推出过程中产生转动，此余料在直浇道凝料小端连接处扭断。

（3）当定模拉杆导柱 18 左端与导套 17 左端接触时，面板与 A 板间不再打开，分型结束。

（4）动模部分继续后移，模具从 A 板-B 板间打开，压铸件包紧在动模模仁 23 上，直浇道凝料包紧在分流锥 24 上，随动模一起向后移动。

（5）在斜销 10 作用下，侧滑块 9 带动侧型芯 22 做侧抽芯，当侧滑块 9 与限位挡块 7 接触时，抽芯结束。

（6）模具推出机构开始工作，推杆 28 和中心推杆 29 分别推出压铸件和直浇道凝料。

任务实施

由于铸件材料为铝合金，显然，不适合选择热压室压铸机压铸成型设备；应选择冷压室压铸机压铸成型设备。另外，根据铸件形状，铸件非中心浇口，应选卧式冷压室压铸机，按卧式冷压室压铸机模具结构来设计相应模具。壳体压铸模装配结构如图 2-4-4 所示。

知识拓展

压铸模装配工艺过程卡样式见表 2-4-1。

表 2-4-1 压铸模装配工艺过程卡

压 铸 模 装 配 工 艺 过 程 卡		模具图号	模具名称	零件数量
		YZ01	轮毂压铸模	25
文件编号		执行人员		
工序号	工序名称	工序内容	所需工具	装配检查记录	完成人姓名
编制人	编制时间	审核人	审核时间	批准人	批准时间

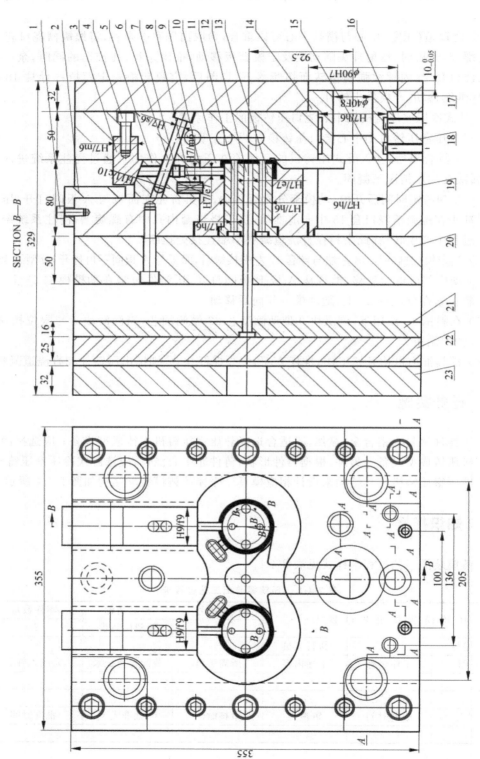

图 2-4-4 壳体压铸模装配结构图

1—螺钉；2—限位块；3—撑紧块；4—螺钉；5—滑块；6—斜导柱；7—丝堵；8—矩形弹簧；9—侧型芯；10—动模镶仁；11—小型芯；12—推杆；13—大型芯；14—浇口套；15—分流器；16—铜管；17—面板；18—A板；19—B板；20—托板；21 推杆固定板；22—推板；23—底板

思考题

一、选择题

1. J1163A 的锁模力为（　　）kN。

 A. 300   B. 630

 C. 6300   D. 30

2. 卧式冷压室压铸机压铸模,其结构特点之一是（　　）。

 A. 直浇道位于型腔左方   B. 直浇道位于型腔上方

 C. 直浇道位于型腔下方   D. 直浇道位于型腔右方

3. J1125B 型压铸机为（　　）压铸机。

 A. 卧式热压室   B. 立式热压室

 C. 卧式冷压室   D. 全立式冷压室

4. 卧式压室压铸机压铸模与压铸机间用（　　）来确定模具在压铸机位置。

 A. 浇口套外径与压铸机座板孔配合

 B. 模具定模座板设沉孔与压室法兰处外径配合

 C. 模具定模座板孔与喷嘴配合

 D. 不需要定位

5. 实际生产中,卧式冷压室压铸机压室充满度一般（　　）以上。

 A. 30%   B. 50%

 C. 60%   D. 70%

二、填空题

1. 高硅铝合金中硅为粗针状组织,导致铝合金力学性能下降,需要采用_____处理。

2. 卧式冷压室压铸机其压室和压射机构都处于_____位置。

3. 压室充满度过小,会导致_____。

4. 压室充满度定义为：_____。

5. J116A 最大锁模力_____ kN,为_____压铸机,进行第_____次重大结构改进。

6. 锁模力的作用是为了克服压铸时的_____,锁紧模具的_____。

7. 锁模力的大小与_____和铸件、浇注系统及排溢系统在分型面的_____有关。

8. 从安全性出发,锁模力需在胀型力的基础上,增加一个_____系数。

9. 压室的容量与_____和压室_____有关。

三、问答题

1. 卧式冷压室压铸机压铸模特点是什么?

2. 选择卧式冷压室压铸机步骤有哪些?

任务五 壳体压铸模分型面选择

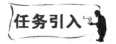

任务引入

根据图 2-1-1 和图 2-1-2 所示的壳体平面图和立体图,选择壳体压铸模分型面。该铸件要求强度高,重量轻,在 100℃ 以上高温、高湿工作环境能正常工作。

任务操作流程

1. 分析壳体技术要求,确定分型方案。
2. 对各分型方案进行比较,选择最优分型面方案。

教学目标

※能力目标
能够结合具体压铸件,选择压铸模分型面。
※知识目标
掌握分型面选择原则、方案比较。

相关知识

见项目一任务七。

任务实施

1. 壳体分型面选择方案确定
根据分型面选择原则,分型面应选在铸件尺寸最大处,共 5 种方案,如图 2-5-1 所示。

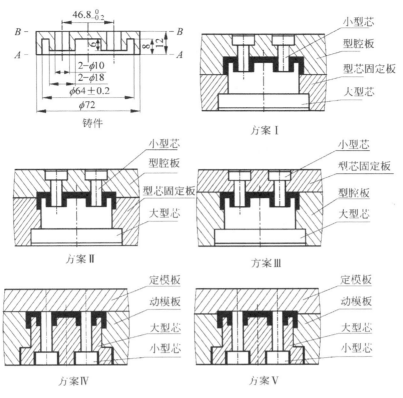

图 2-5-1　壳体分型面选择方案图

2. 方案比较

方案 I

① 大型芯在型芯固定板中,铸件型腔和小型芯在型腔板中,这样,铸件两小孔 $2-\phi10$ 与铸件外圆及内孔 $\phi46.8_{-0.2}^{0}$ 中心线的对称度无法保证。

② 以设计基准面做分型面,导致基准上有飞边,无法保证尺寸 12 及 6,显然此方案铸件质量难以保证。

方案 II

① 铸件部分型腔和大型芯在型芯固定板中,铸件部分型腔和小型芯在型腔板中,同方案 I 一样,铸件两小孔 $2-\phi10$ 与铸件外圆及内孔 $\phi46.8_{-0.2}^{0}$ 中心线的对称度无法保证。

② 分型面设在经过外圆的平面上,造成铸件外形有飞边,此方案铸件质量也难以保证(可通过机械加工去除)。

方案 III

① 铸件型腔和大型芯在型腔板中,小型芯在型芯固定板中,这样,铸件两小孔 $2-\phi10$ 与铸件外圆及内孔 $\phi46.8_{-0.2}^{0}$ 中心线的对称度无法保证,铸件质量难以保证。

② 以尺寸 20 右端面做分型面,铸件右端面有飞边,铸件质量也有一定影响(可通过机械加工去除)。

方案 Ⅳ

① 铸件型腔和大、小型芯全在动模板中,这样,既可以保证铸件两小孔 $2-\phi10$ 与铸件外圆 $\phi72$,也可以保证铸件内孔 $\phi46.8_{-0.2}^{0}$ 中心线的对称度。

② 以尺寸 12 右端面做分型面,铸件右端面有飞边,铸件质量也有一定影响(可通过机械加工去除)。

方案 Ⅴ

①铸件型腔一部分在动模板,另一部分在定模板,大、小型芯全在动模板中,这样,可以保证铸件两小孔 $2-\phi6$ 与内孔 $\phi46.8_{-0.2}^{0}$ 中心线的对称度,但不能确保铸件两小孔 $2-\phi10$ 与铸件外圆 $\phi72$ 中心线的对称度。

②以 $\phi72$ 外圆面做分型面,铸件外圆面上有飞边,铸件质量虽有一定影响,但可通过机械加工去除。

综合上述分析,选择方案 Ⅳ。

任务六　壳体压铸模内浇口设计

任务引入

根据图 2-1-1 和图 2-1-2 所示的壳体平面图和立体图,设计壳体压铸模内浇口。该铸件要求强度高,重量轻,在 100℃ 以上高温、高湿工作环境能正常工作。

任务操作流程

1. 壳体压铸模内浇口形式。
2. 壳体压铸模内浇口尺寸。

教学目标

※能力目标
能够根据具体压铸机设计压铸模内浇口。
※知识目标
掌握卧式冷压室压铸机压铸模内浇口设计内容、方法和步骤。

相关知识

一、卧式冷压室压铸机压铸模浇注系统组成
1. 卧式冷压室压铸机压铸模偏心浇口浇注系统
卧式冷压室压铸机压铸模偏心浇口浇注系统如图 2-6-1 所示。
2. 卧式冷压室压铸机压铸模中心浇口浇注系统
卧式冷压室压铸机压铸模中心浇口浇注系统如图 2-6-2 所示。
二、卧式冷压室压铸机压铸模浇注系统应用实例
（1）卧式冷压室压铸机压铸模一模单腔浇注系统应用实例如图 2-6-3 所示。

（2）卧式冷压室压铸机压铸模一模多腔浇注系统应用实例如图 2-6-4 所示。

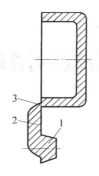

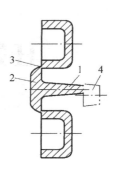

图 2-6-1　卧式冷压室压铸机压铸模
偏心浇口浇注系统
1—直浇道；2—横浇道；3—浇口

图 2-6-2　卧式冷压室压铸机压铸模
中心浇口浇注系统
1—直浇道；2—横浇道；3—浇口；4—余料

(a)汽车后桥　　　　　　　　　(b)汽车油箱箱盖

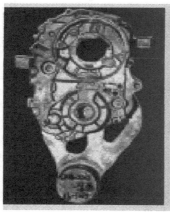

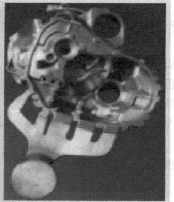

(c)摩托车外罩　　　　　　　　(d)摩托车箱体

图 2-6-3　卧式冷压室压铸机压铸模一模单腔浇注系统应用实例

三、卧室冷压室压铸机压铸模内浇口设计

1. 浇口种类及各自特点

浇口种类及各自特点见表 2-6-1。

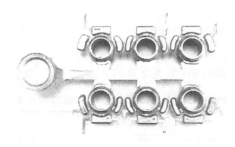

图 2-6-4　卧式冷压室压铸机压铸模一模多腔浇注系统应用实例

表 2-6-1　浇口种类及各自特点

种　类	图　例	特　点
中心浇口		当铸件的中心处有足够大的通孔时,可在中心设置分流锥和浇注系统,特点是: (1) 金属液流程短 (2) 不增加或很少增加铸件的投影面积 (3) 便于排除深腔部位的气体 (4) 有利于模具热平衡 (5) 模具外形尺寸小 (6) 机器受力均衡
侧浇口		浇注系统设置在铸件的侧面,是应用最广泛的一种,特点是: (1) 对铸件的流入部位适应性强,可以从铸件的外部或内侧注入,适用于各种形状的铸件 (2) 可用于一模多腔 (3) 去除浇注系统比较容易

2. 卧室冷压室压铸机压铸模内浇口结构形式

卧室冷压室压铸机压铸模内浇口结构形式如图 2-6-5 所示。

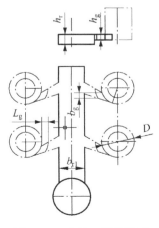

图 2-6-5　内浇口结构形式

3. 内浇口设计内容

确定内浇口位置、形状和尺寸。

4. 内浇口尺寸

(1) 内浇口厚度 h_g 经验数据(见表 2-6-2)。

表 2-6-2　内浇口厚度尺寸 h_g 经验数据表

铸件壁厚 b/mm	0.6~1.5		>1.5~3		>3~6		>6
合金种类	复杂件	简单件	复杂件	简单件	复杂件	简单件	
	内浇道厚度/mm						
铝、镁合金	0.6~1.0	0.6~1.2	0.8~1.5	1.0~1.8	1.5~2.5	1.8~3.0	(0.4~0.6)b

(2) 内浇口的宽度 b_g 和长度 L_g：根据经验公式，当内浇口部位压铸件形状为圆环形及圆筒形时，内浇口宽度 $b_g=(0.25~0.33)$压铸件外径 D；内浇口长度 $L_g=2~3$mm。

5. 内浇口与横浇道的连接方式

内浇口与横浇道、铸件的连接方式如图 2-6-6 所示。

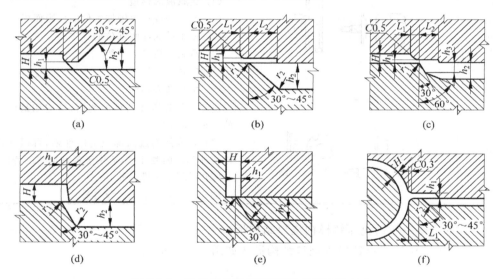

图 2-6-6　内浇口与横浇道、铸件之间连接方式

L_1—内浇口长度；L_2—内浇口延伸长度；h_1—内浇口厚度；h_2—横浇道厚度；

h_3—横浇道过渡段厚度　r_1—横浇道倾斜段圆角半径；r_2—横浇道出口段与内浇口连接处圆角半径；

H—压铸件厚度，$L_2=3L_1$；$h_2>2h_1$；$r_1=h_1$；$r_2=0.5h_2$；$L_1+L_2=8~10$mm(一般 $L_1=2~3$mm)

图 2-6-6(a)内浇口、横浇道、压铸件在同一模面上。

图 2-6-6(b)内浇口与压铸件在同一半模内，横浇道在另一侧的形式。

图 2-6-6(c)为与扇形横浇道连接的情况。

图 2-6-6(d)内浇口设在压铸件与横浇道搭接处，又称搭接式内浇口。

图 2-6-6(e)与图 2-6-6(d)相类似，搭接处角度增大到 60°更适合于深腔类铸件。

图 2-6-6(a)、图 2-6-6(b)、图 2-6-6(c)用于平板或浅壳体类铸件。

图 2-6-6(d)、图 2-6-6(e)用于深腔类铸件。

图 2-6-6(f)用于管状铸件。

任务实施

1. 内浇口厚度 h_g

查表铝合金铸件,结构简单壁厚为 4mm,有 $h_g=1.8\sim3$,取 $h_g=1.8$mm。

2. 内浇口宽度 b_g

圆环形及圆筒形压铸件:$b_g=(0.25\sim0.33)$;压铸件外径 $D=0.25\times56=14$。

3. 内浇口长度 L_g

取 $2\sim3$mm。

思考题

1. 卧式冷压室压铸机压铸横浇泾系统的特点是＿＿＿＿＿＿＿＿＿位于模具型腔的下方。

2. 某铝合金压铸件壁厚为 2.5mm,形状简单,其内浇口厚度尺寸 h_g 查表为＿＿＿＿＿＿＿＿＿ mm。

3. 某圆环形铝合金压铸件浇口处外径为 $\phi100$,则其内浇口宽度 b_g 查表为＿＿＿＿＿＿＿＿＿ mm。

任务七　壳体压铸模横浇道设计

任务引入

根据图 2-1-1 和图 2-1-2 所示的壳体平面图和立体图,设计壳体压铸模横浇道。该铸件要求强度高,重量轻,在 100℃ 以上高温、高湿工作环境能正常工作。

任务操作流程

1. 确定壳体压铸模横浇道尺寸。
2. 绘制壳体压铸模横浇道布置图。

教学目标

※能力目标
能够设计压铸模横浇道。
※知识目标
掌握卧式冷压室压铸机压铸模横浇道设计。

相关知识

一、卧式冷压室压铸机压铸模横浇道的形式

卧式冷压室压铸机压铸模横浇道形式如图 2-7-1 所示。

图 2-7-1(a)为等宽横流道,图 2-7-1(b)为扇形横流道,图 2-7-1(c)为 T 形横流道,图 2-7-1(d)为平直分支式,注意设计分支时二级横浇道的方向应向下有一定角度,如 15°左右,使冷污金属液先流至一级浇道的顶端。图 2-7-1(e)是 T 型分支式,图 2-7-1(f)是圆弧收缩式,图 2-7-1(g)为分叉式,图 2-7-1(h)是圆周方向多支式,在这种形式中一次横浇道也一定要设置在上方。

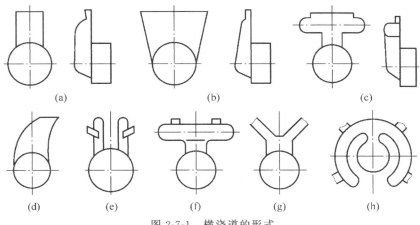

图 2-7-1　横浇道的形式

这些形式中,图 2-7-1(d)、图 2-7-1(e)、图 2-7-1(h)可用于多型腔模,图 2-7-1(e)、图 2-7-1(g)、图 2-7-1(f)有时在单腔模开设多个内浇口充型时也会采用,其余均用于单腔模。

二、卧式冷压室压铸机模具横浇道的截面形状

卧式冷压室压铸机用模具横浇道的截面形状见表 2-7-1。

表 2-7-1　横浇道的截面形状

类型	截面形状	说　明	类型	截面形状	说　明
扁梯形	5°~10° b R2-R4	金属液热量损失小,加工方便,应用广泛	双扁梯形	b 10°~15° R2-R4	金属液热量损失少,适用流程特别长的浇道
长梯形	b 5°~15° R2-R4	适用于浇道部位狭窄、铸件流程长,以及多腔模的分支浇道	窄梯形	3°~5°	适用于间隙浇口或浇道部位特别狭窄处
圆形	d	热量损失小,加工不方便	环形	10°~15° 30°~45°	适用于环形浇口连接内浇口的部位

三、卧式冷压室压铸机用模具横浇道的截面积及尺寸

1. 横浇道的截面尺寸

横浇道的截面尺寸如图 2-7-2 所示。

2. 横浇道的截面面积 A_r

横浇道的截面面积 A_r 为

$$A_r = (3 \sim 4) A_g \text{（冷室压铸机）}$$

3. 横浇道的深度 h_r（与浇口深度 h 内相关）

对卧式冷室压铸机而言：

$$h = (5 \sim 8) h_g$$

4. 横浇道宽度 b

横浇道宽度 b 为

$$b = h \times \tan\alpha + A_r/h \quad (\alpha \text{ 为横浇道梯形截面的斜角})$$

5. 横浇道长度 L_r

一模多腔分支横浇道形式如图 2-7-3 所示。

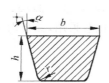

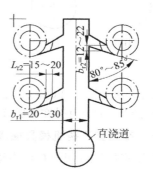

图 2-7-2　横浇道的截面尺寸　　　　图 2-7-3　卧式冷压室压铸机模具一模多腔横浇道

任务实施

壳体压铸模横浇道设计

（1）由于壳体压铸模采用一模两腔，属多腔模。且其结构为卧式冷压室压铸机压铸模，其一模多腔的主、分支横浇道尺寸分别为：主横浇道宽度 $b_{r1} = 20 \sim 30$mm（取 30），长度 L_{r1} 要按型腔布置尺寸确定。

（2）分支横浇道宽度 b_{r2}、长度 L_{r2} 为 $b_{r2} = 12 \sim 22$mm（取 20），$L_{r2} = 15 \sim 20$mm（取 20），$h_r = (5 \sim 8) h_g = 1.8 \times 5 = 9$mm。

（3）壳体压铸模横浇道布置图如图 2-7-4 所示。

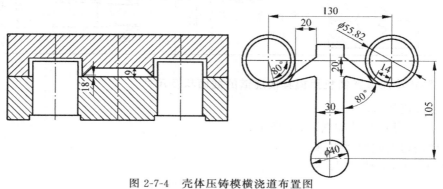

图 2-7-4　壳体压铸模横浇道布置图

思考题

1. 应用最为广泛的横浇道截面形状为_____。对卧式冷压室压铸机压铸模而言,其横浇道截面积为内浇口截面积的_____倍数,横浇道深度 h_t 为内浇口深度的_____倍数。

2. 卧式冷压室压铸机用模具一模多腔横浇道一般有_____和_____横浇道。

任务八 壳体压铸模直浇道设计

任务引入

根据图 2-1-1 和图 2-1-2 所示的壳体平面图和立体图,设计壳体压铸模直浇道。该铸件要求强度高,重量轻,在 100℃ 以上高温、高湿工作环境能正常工作。

任务操作流程

1. 绘制卧式冷压室压铸机压铸模直浇道结构草图。
2. 看懂所选压铸机 J1110A 座板联系图,找到其与压铸模直浇道的关联尺寸。
3. 确定壳体压铸模直浇道尺寸。
4. 绘制壳体压铸模直浇道结构图。

教学目标

※能力目标
能够看懂所选压铸机座板联系图,设计相应的模具直浇道。
※知识目标
1. 掌握卧式冷压室压铸机浇注系统直浇道设计结构。
2. 掌握卧式冷压室压铸机压铸模直浇道结构形式。
3. 熟悉卧式冷压室压铸机模具直浇道结构图。

相关知识

一、卧式冷室压铸机模具直浇道与压铸机压室装配示意图
卧式冷室压铸机模具直浇道与压铸机压室装配示意图如图 2-8-1 所示。
二、卧式冷压室压铸机压铸模浇口套、压室及冲头实体
(1)卧式冷压室压铸机压铸模浇口套实体如图 2-8-2 所示。

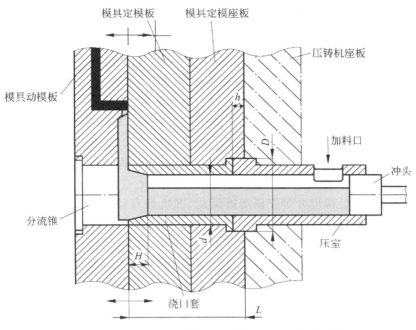

图 2-8-1 卧式冷室压铸机模具直浇道与压铸机压室装配示意图

（2）卧式冷压室压铸机压室实体如图 2-8-3 所示。

（3）冲头实体如图 2-8-4 所示。

图 2-8-2 压铸模浇口套实体

图 2-8-3 压铸机压室实体

图 2-8-4 压铸机冲头实体

三、卧式冷压室压铸机压铸模直浇道结构示意图

卧式冷压室压铸机压铸模直浇道结构示意图如图 2-8-5 所示。

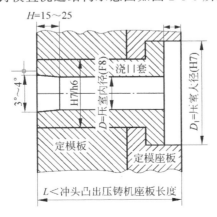

图 2-8-5 卧式冷压室压铸机压铸模直浇道结构示意图

四、卧式冷压室压铸机直浇道设计要点

（1）每台压铸机配有 2～4 种不同压室内径，小压射比压选大压室直径；再校核压铸机压室充满度，看所选压室内径是否合适。

（2）直浇道圆柱部分直径 D 等于压室内径，公差带为 F8，锥面部分长度 $H=15～25mm$。

（3）浇口套长度 L 小于冲头极限位置到压铸机端面距离。

（4）横浇道入口应开在压室上部内径 2/3 以上部位。

（5）压室和浇口套最好制成一体。若分开制造，压室内径与直浇道圆柱部分要求同轴。两者应在热处理和精磨后，再沿轴线方向研磨，其 $R_a \leqslant 0.2\mu m$。

（6）分流器凹坑处深度 h 等于横浇道深 h_r，凹坑处直径等于直浇道锥面部分大端直径；凹坑处脱模斜度为 5°。

（7）直浇道圆柱部分直径 D 偏差为 F8。

（8）模板孔与浇口套外径、用于安装压室的模板孔与压室的配合公差带均为H7/h6。

五、压室中心偏离压铸机中心（浇口套中心偏离模具中心）时的浇口套结构形式

压室中心偏离压铸机中心（浇口套中心偏离模具中心）时的浇口套结构形式如图 2-8-6 所示。

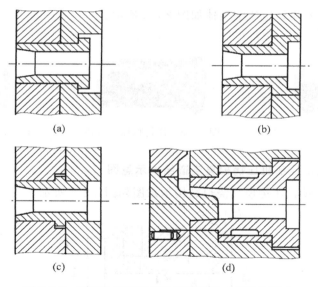

图 2-8-6　卧室冷压室压铸机压铸模浇口套结构形式

图 2-8-6(a)浇口套装拆方便，浇口套与压室内孔同轴度是通过模具定模座板孔来间接保证的，故两者同轴度误差大。

图 2-8-6(b)浇口套装拆方便，浇口套与压室内孔同轴度由浇口套保证，两者同轴度误差小。

图 2-8-6(c)浇口套固定牢靠,但装拆不便,浇口套与压室内孔同轴度是通过模具定模座板孔来间接保证的,故两者同轴度误差大。

图 2-8-6(d)与图 2-8-6(b)相似,只是浇口套外侧通冷却水,模具热平衡好。另外,在动模套板与浇口套连接处,设置了用于导流的分流锥。

六、卧式冷压室压铸机浇口套尺寸

1. 卧式冷压室压铸机压铸模浇口套结构图

卧式冷压室压铸机压铸模浇口套结构图如图 2-8-7 所示。

2. 卧式冷压室压铸机压铸模浇口套常用尺寸

卧式冷压室压铸机压铸模浇口套常用尺寸见表 2-8-1。

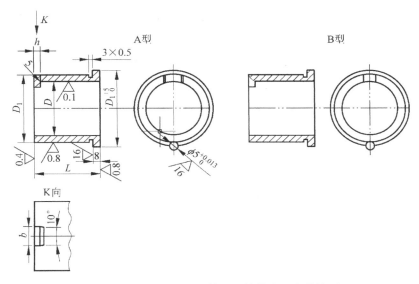

图 2-8-7　卧式冷压室压铸机压铸模浇口套结构图

表 2-8-1　卧式冷压室压铸机压铸模浇口套常用尺寸

D (F8)	基本尺寸 /mm	25		30		35		40		45		50		60		70	
	偏差/mm	+0.053 +0.020						+0.064 +0.025						+0.076 +0.030			
D_1 (h8)	基本尺寸 /mm	35		40		45		50		60		65		75		85	
	偏差/mm	0 −0.039						0 −0.046						0 −0.054			
b/mm		10	16	10	16	16	20	16	20	16	24	16	24	20	30	20	30
h/mm		6		6		8		8		10		10		12		12	
L/mm		视需要定															

七、卧式冷压室压铸机压铸模分流器的结构及尺寸

1. 卧式冷压室压铸机压铸模分流器的结构

卧式冷压室压铸机压铸模分流器的结构如图 2-8-8 所示。

为防止金属液直接冲击损坏动模镶块，较大的浇口套底部需配置可以更换的分流器。

2. 卧式冷压室压铸机压铸模分流器尺寸

卧式冷压室压铸机压铸模分流器尺寸见表 2-8-2。

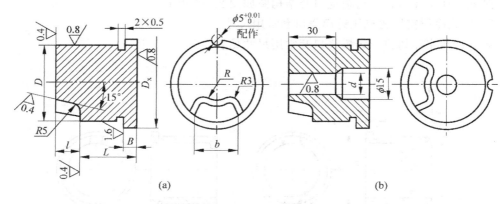

图 2-8-8   卧式冷压室压铸机压铸模分流器结构图

表 2-8-2   卧式冷压室压铸机压铸模分流器的尺寸

D (h8)	基本尺寸 /mm	25	30	35	40	45	50	60	70
	偏差 /mm	0 −0.033		0 −0.039				0 −0.046	
d (H8)	基本尺寸 /mm	8			10		12		
	偏差 /mm	+0.022 0					+0.027 0		
ι/mm		10		15			20	25	
b/mm		10 16	10 16	16 20	16 20	16 24	16 24	20 30	20 30
R/mm		10	11	12	13	14	15	20	20
L/mm		视需要定							

任务实施

1. 找到所选 J1110A 型卧式冷压室压铸机座板联系图

J1110A 型卧式冷压室压铸机座板联系图如图 2-8-9 所示。

2. J1110A 型卧式冷压室压铸机主要技术参数

J1110A 型卧式冷压室压铸机主要技术参数见表 2-8-3。

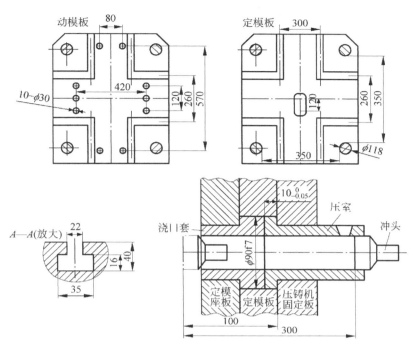

图 2-8-9　J1110A 型卧式冷压室压铸机座板联系图

表 2-8-3　J1110A 型卧式冷压室压铸机主要技术参数

名　　称	数　　值	
锁模力/kN	1000	
压射力/kN	70～150	
顶出力/kN	80	
模具允许的最大/最小厚度 /mm	450/150	
拉杆内间距 /(mm×mm)	350×350	
压室位置/mm	0,60,120	
顶出行程	60	
合模行程/mm	300	
压射冲头推出距离/mm	100	
压射比压/MP	76.5	119.5
投影面积/cm²	117	75
压室尺寸/mm	$\phi 40$	$\phi 50$
压室有效容积(铝)/kg	0.64	1

3．确定壳体压铸模直浇道尺寸

从 J1110A 型卧式冷压室压铸机座板联系图可知,直浇道沉孔直径 $D_1 = \phi 90H7$,深 $H_1 = 10^{+0.05}_{0}$;冲头凸出模具座板外 100mm。从前面压铸机容量校核可知,所用压室为 $\phi 40$,压铸模直浇道内孔 $D = \phi 40F8$,直浇道锥面长 $H = 20$,锥角 $3°\sim 4°$,总长 $L < 100$mm (模架选定知,$L = 82$mm),符合要求。

壳体压铸模直浇道尺寸如图 2-8-10 所示。

4. 绘制壳体压铸模浇口套图

壳体压铸模浇口套图如图 2-8-11 所示。

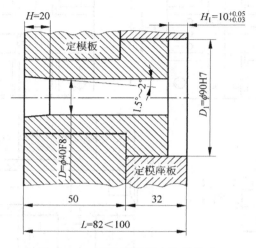

图 2-8-10 壳体压铸模直浇道尺寸

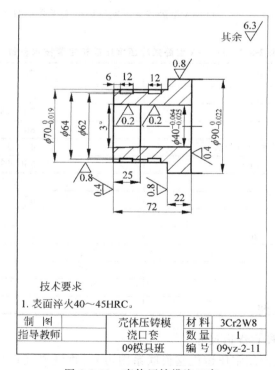

技术要求

1. 表面淬火40～45HRC。

制　图		壳体压铸模	材　料	3Cr2W8
指导教师		浇口套	数　量	1
	09模具班		编　号	09yz-2-11

图 2-8-11 壳体压铸模浇口套

知识拓展

压铸模装配、安装、调试工量具清单，见表2-8-4。

表 2-8-4　压铸模装配、安装、调试工、量具清单

序号	名　　称	规　格	数量	备　注
1				
2				
3				
4				
5				

思考题

一、选择题

1. 卧式冷压室压铸机浇注系统由(　　)横浇道、浇口及余料组成。
   A. 排气槽　　　　　　　　　　B. 直浇道
   C. 溢流槽　　　　　　　　　　D. 水孔

2. 冷压室压铸机压铸模横浇道截面积 A_r 与内浇口横截面积 A_g 关系是(　　)。
   A. $A_r = (1\sim2)A_g$ 　　　　　B. $A_r = (2\sim3)A_g$
   C. $A_r = (0.1\sim0.2)A_g$ 　　D. $A_r = (3\sim4)A_g$

3. 卧式冷压室压铸机用模具的浇口套长度受到压铸机(　　)的限制。
   A. 冲头跟踪距离　　　　　　　B. 固定板厚度
   C. 压室长度　　　　　　　　　D. 动模板行程

4. 设置分型面上的溢流槽截面形状为(　　)。
   A. 圆形　　　　　　　　　　　B. 梯形
   C. 正方形　　　　　　　　　　D. 矩形

5. 校核压铸机压室容量的目的是(　　)。
   A. 确保铸件能够填满　　　　　B. 确保铸件无裂纹
   C. 确保铸件无气孔　　　　　　D. 确保铸件表面光亮

二、判断题

1. 常用横浇道截面形状一般为矩形。　　　　　　　　　　　　　　　(　　)

2. 压铸合金中密度最小的合金是铝合金。　　　　　　　　　　　　　(　　)

3. 金属液压铸模内浇口处的流动速度乘以内浇口截面积等于流量系数。　(　　)

4. 溢流槽可以防止压铸件产生冷隔、气孔外，还可防止裂纹。　　　　　(　　)

5. 对卧式冷压室压铸机压铸模来说，横浇道应处于直浇道的上方，以防止压室中金属液过早流入横浇道。　　　　　　　　　　　　　　　　　　　　　　　　(　　)

任务九 壳体压铸模与压铸机联系

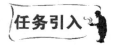

任务引入

根据图 2-1-1 和图 2-1-2 所示的壳体平面图和立体图,完成壳体模具与压铸机的联系。该铸件要求强度高,重量轻,在 100℃以上高温、高湿工作环境能正常工作。

任务操作流程

1. 确定壳体压铸模外形尺寸。
2. 确定壳体压铸模模具定位与安装尺寸。
3. 确定壳体压铸模总厚度。
4. 确定壳体压铸模浇口套偏移模具中心距离。
5. 校核壳体压铸模顶出行程。
6. 校核压铸件所需顶出力。

教学目标

※能力目标

能够根据压铸件成型所选压铸机型号,查阅压铸机座板联系图及主要技术参数,确定该压铸件的模具与所选压铸机的联系。

※知识目标

1. 熟悉压铸机主要技术参数及座板联系图。
2. 掌握卧式冷压室压铸机压铸模与压铸机的联系。

相关知识

一、卧式冷压室压铸机压室与相应压铸模定位

卧式冷压室压铸机压室与相应压铸模定位如图 2-9-1 所示。

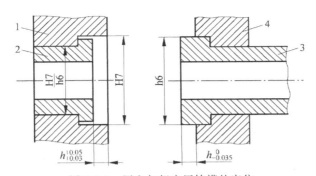

图 2-9-1 压室与相应压铸模的定位

1—定模座板；2—浇口套；3—压铸机压室；4—压铸机固定模板

卧式冷压室压铸机压铸模与压铸机定位通过模板上设沉孔，与压铸机压室大端外径间隙配合来实现。

压铸模沉孔直径等于压铸机压室大端外径，偏差带为 H7。

压铸模沉孔深度等于压铸机压室大端长度，偏差带为 $^{+0.05}_{+0.03}$。

二、卧式冷压室压铸机座板与压铸座板安装关系

1. 技术参数判断

从压铸机的使用说明书中查阅技术参数判断，模具最大外形尺寸：

模具模板长＜压铸机座板长－10

模具模板宽＜拉杆间距－10

2. 模具夹紧

模具动、定模座板上设置"U"型槽。

"U"型槽宽＝压铸机座板图中"T"型槽宽的尺寸

"U"型槽间距＝压铸机座板图中"T"型槽间距

三、模具厚度 H 与压铸机允许厚度 H_{min} 及 H_{max} 关系

模具厚度 H 与压铸机允许厚度 H_{min} 及 H_{max} 的关系为

$$H_{min}+(5\sim10)\leqslant H\leqslant H_{max}-(5\sim10)$$

四、压铸模所需顶出行程与压铸机最大顶出行程关系

压铸模所需顶出行程与压铸机最大顶出行程的关系为

模具所需顶出行程＜压铸机最大顶出行程

五、压铸件所需顶出力与压铸机最大顶出力关系

压铸件所需顶出力与压铸机最大顶出力的关系为

压铸件所需顶出力＜压铸机最大顶出力

六、各种型号卧式冷压室压铸机压室与压铸模定模座板联系尺寸

卧式冷压室压铸机压铸模定模座板如图 2-9-2 所示，各种型号卧式冷压室压铸机压室与模具沉孔联系尺寸见表 2-9-1。

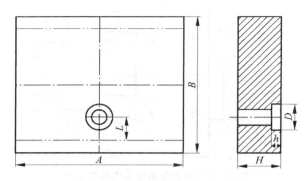

图 2-9-2　卧式冷压室压铸机压铸模定模座板

表 2-9-1　卧式冷压室压铸机压室与模具沉孔联系尺寸

压铸机型号	尺寸代号					
	允许的模具动、定模座板长×宽/(mm×mm)		动、定模座板厚度 H/mm	定模座板(浇口套)沉孔直径 D(H7)	定模座板沉孔深度 h(H8)	L/mm
	最大	最小				
J113	240×330	200×300	15～20	$\phi65^{+0.03}_{0}$	$10^{+0.022}_{0}$	50～55
J116	260×450	240×230		$\phi70^{+0.03}_{0}$	$8^{+0.022}_{0}$	55～60
J1113	450×450	300×300	20～30	$\phi110^{+0.035}_{0}$	$10^{+0.022}_{0}$	70～90
J1113A	450×450	300×300				
J1113B	410×410	260×260				
J1125	510×410	360×320	30～40		$12^{+0.027}_{0}$	
J1125A	510×410	360×320				
J1140	760×660	530×480	40～50	$\phi150^{+0.04}_{0}$	$15^{+0.027}_{0}$	100～120
J1163	900×800	660×480	45～60	$\phi180^{+0.04}_{0}$	$25^{+0.033}_{0}$	135-150

注：尺寸 $A×B$ 指模板中心与压铸机固定模板中心重合时的数据。

任务实施

壳体压铸模与压铸机联系

1. 最大外形尺寸

从 J1110A 压铸机的技术参数可判断：

(1) 压铸模长 351mm＜J1110A 压铸机模板长。

(2) 宽 315mm＜拉杆间距 350mm。

2. 模具定位与安装尺寸

从 J1110A 压铸机座板图形判断：

(1) 模具定位：模具上浇口套(定模座板)上沉孔为 $\phi90$H7，孔深 10＋0.050，与 J1110A 压铸机压室大端直径 $\phi90$f7 配合(凸出模具外 10mm)。

(2) 模具安装压紧模具动定模座板上设置"U"型槽。

"U"型槽宽＝压铸机座板图形中 $A—A$ 剖"T"型槽宽的尺寸 22mm。

"U"型槽间距＝压铸机座板图形中"T"型槽间距 260 mm。

3. 模具总厚度 329mm 与压铸机允许厚度的校核

150＋10＜329＜450－10,满足 J1110A 模具安装要求。

4. 浇口套偏移模具中心距离与压铸机压室允许偏心距的校核

查 J1110A 压铸机座板联系图知:

浇口套偏移模具中心距 105mm≤压室偏离压铸机固定板中心距 120mm,满足要求。

5. 校核壳体压铸模顶出行程

壳体压铸模顶出行程 $S≥30$mm,查 J1110A 压铸机技术参数可知,压铸机最大顶出行程为 60mm, $S＜60$,所选压铸机满足铸件顶出行程要求。

6. 校核压铸件所需顶出力

从脱模机构设计可知,壳体所需顶出力 $f_t=3836.86$(N)＝3.84kN,查 J1110A 压铸机技术参数可知,压铸机最大顶出力＝80kN,3.84kN＜80kN,所选压铸机满足铸件顶出力要求。

7. 壳体压铸模与压铸机联系尺寸

壳体压铸模与压铸机联系尺寸如图 2-9-3 所示。

思考题

1. 卧式冷压室压铸机压铸模与卧式冷压室压铸机怎样定位?

2. 查表确定 J1125G 卧式冷压室压铸机压室与压铸模座板孔联系尺寸。

3. 查表确定 J116 卧式冷压室压铸机压铸模浇口套偏离模板边缘距离 L。

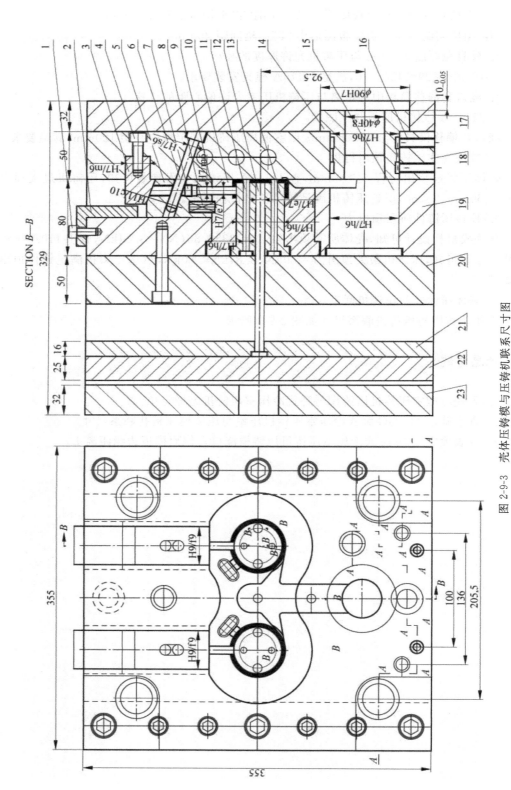

图 2-9-3 壳体压铸模与压铸机联系尺寸图

1—螺钉；2—限位块；3—楔紧块；4—螺钉；5—滑块；6—斜导柱；7—丝堵；8—矩形弹簧；9—侧型芯；10—动模模仁；11—小型芯；12—推杆；
13—大型芯；14—浇口套；15—分流器；16—铜管；17—面板；18—B板；19—B板；20—托板；21—推杆固定板；22—推板；23—底板

任务十 壳体压铸模成型零件设计

**任务引入**

根据图 2-1-1 和图 2-1-2 所示的壳体平面图和立体图,完成壳体压铸模成型零件设计。该铸件要求强度高,重量轻,在 100℃以上高温、高湿工作环境能正常工作。

任务操作流程

1. 壳体压铸模成型零件结构设计。
2. 确定壳体压铸模成型零件尺寸及偏差。
3. 确定壳体压铸模成型零件材料及热处理。
4. 绘制壳体压铸模成型零件图。

教学目标

※能力目标
1. 能够根据压铸件,计算相应压铸模成型零件尺寸及偏差。
2. 能够绘制压铸模成型零件图。
※知识目标
1. 掌握成型零件结构及尺寸计算。
2. 熟悉成型零件成型偏差确定步骤。

相关知识

一、卧式冷室压铸机模具成型零件(型腔镶件)布置形式

卧式冷室压铸机模具成型零件(型腔镶件)布置形式如图 2-10-1 所示。

图 2-10-1(a)为一模一腔,一侧抽芯,圆形镶块镶拼形式。

图 2-10-1(b)为一模两腔,两侧抽芯,圆形镶块镶拼形式。

图 2-10-1(c)为一模两腔,一侧抽芯,矩形镶块镶拼形式。

图 2-10-1(d)、图 2-10-1(e)为一模多腔,矩形镶块镶拼形式。

图 2-10-1(f)为一模多腔,圆形镶块镶拼形式。

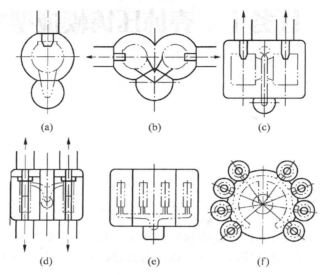

(a)　　　　　(b)　　　　　(c)

(d)　　　　　(e)　　　　　(f)

图 2-10-1　卧式冷室压铸机模具型腔镶块的布置形式

二、成型零件尺寸及偏差的计算

1. 合金收缩率

各类合金收缩率见表 2-10-1。

表 2-10-1　各类合金收缩率

合金种类	收缩条件		
	阻碍收缩	混合收缩	自由收缩
	计算收缩率/%		
铅锡合金	0.2～0.3	0.3～0.4	0.4～0.5
锌合金	0.3～0.4	0.4～0.6	0.6～0.8
铝硅合金	0.3～0.5	0.5～0.7	0.7～0.9
铝硅制合金 铝镁合金 镁合金	0.4～0.6	0.6～0.8	0.8～1.0
黄铜	0.5～0.7	0.7～0.9	0.9～1.1
铝青铜	0.6～0.8	0.8～1.0	1.0～1.2

2. 成型零件尺寸及偏差计算公式

（1）型腔尺寸的计算公式

$$D_0^{+\delta} = [D_z(1+\varphi) - 0.7\Delta]_0^{+\delta}$$

$$H_0^{+\delta} = [H_z(1+\varphi) - 2/3\Delta]_0^{+\delta}$$

式中，D 为型腔孔长、宽（或直径）公称尺寸；H 为型腔深度公称尺寸；D_z 为铸件外形长、宽（或直径）公称尺寸；H_z 为铸件外形高度公差称尺寸；φ 为压铸合金的平均收缩率；Δ 为压铸件尺寸公差；δ 为模具制造误差，铸件尺寸精度为 IT11～13 时，$\delta = \Delta/5$；铸件尺寸精度为 IT14～16 时，$\delta = \Delta/4$。

（2）型芯尺寸及偏差的计算公式

$$d_{-\delta}^{0} = [d_z(1+\varphi) + 0.7\Delta]_{-\delta}^{0}$$

$$h_{-\delta}^{0} = [h_z(1+\varphi) + 2/3\Delta]_{-\delta}^{0}$$

式中，d 为型芯长、宽（或直径）公称尺寸；h 为型芯高度公称尺寸；d_z 为铸件内孔长、宽（或直径）公称尺寸；h_z 为铸件内孔深度公称尺寸；φ 为压铸合金的平均收缩率；Δ 为压铸件尺寸公差；δ 为模具制造误差，铸件精度为 IT11～12 时，$\delta = \Delta/5$；铸件精度为 IT13～15 时，$\delta = \Delta/4$。

3. 成型零件尺寸及偏差确定步骤

（1）对压铸件尺寸偏差进行规范，对不符合"入体"原则的尺寸偏差需进行转换。

（2）对压铸件上各尺寸收缩状况进行分类（受型芯阻碍的收缩类型为阻碍收缩类型），结合压铸件合金种类，查表确定各尺寸对应的收缩率大小。

（3）按 UG 压铸模设计软件确定型腔公称尺寸，根据与之对应的压铸件精度确定模具尺寸偏差 δ。

（4）按 UG 压铸模设计软件确定各型芯公称尺寸，根据与之对应的压铸件精度确定模具尺寸偏差 δ。

（5）按模具型芯中心距尺寸计算公式，计算型芯中心距公称尺寸，根据与之对应的压铸件精度确定模具尺寸偏差 δ。

任务实施

1. 壳体压铸模成形零件结构

该结构采用整体镶嵌式。

2. 壳体（铸件）尺寸标注规范及分类

（1）将壳体（铸件）尺寸标注规范

铸件内孔尺寸 $\phi48 \pm 0.2$ 应标注为 $\phi47.8_0^{+0.4}$；中心距尺寸 $28_{-0.2}^{0}$ 应标注为 27.9 ± 0.1。

（2）将壳体（铸件）尺寸分类

① （用型芯来成型）壳体孔类尺寸：$\phi6$、$\phi8$、$\phi47.8_0^{+0.4}$ 及尺寸 16。

② （用型腔来成型）壳体轴类尺寸：$\phi56$ 及尺寸 20、8。

③ 壳体中心距类尺寸：27.9 ± 0.1。

3. 确定壳体(铸件)收缩率

YL102 为铝硅合金,查常用压铸合金计算收缩率表,收缩率 φ 为 $0.3\%\sim0.9\%$,取平均收缩率 0.6%。

4. 计算壳体压铸模成型零件公称尺寸及偏差

查表,压铸件对角线尺寸为 59.5mm。

(1) 壳体压铸模型腔尺寸

$$D_0^{+\delta} = [D_z(1+\varphi)-0.7\Delta]_0^{+\Delta/4}$$

$$H_0^{+\delta} = [H_z(1+\varphi)-0.7\Delta]_0^{+\Delta/4}$$

① A 类尺寸:$\phi56\to\phi56_{-0.3}^{0}$;$D_0^{+\delta}=[56(1+0.6\%)-0.7\times0.3]_0^{+0.3/4}=56.13_0^{+0.075}$,取 $56.13_0^{+0.075}$。

② B 类尺寸:$20\to\phi20_{-0.35}^{0}$;$H_0^{+\delta}=[20(1+0.6\%)-0.7\times0.35]_0^{+0.35/4}=19.88_0^{+0.09}$

③ B 类尺寸:$8\to8_{-0.32}^{0}$;$H^{+\delta}=[8(1+0.6\%)-0.7\times0.32]_0^{+032/4}$,$H_0^{+\delta}=7.82_0^{+0.08}$,取 $7.82_0^{+0.08}$。

(2) 壳体压铸模型芯尺寸

$$d_{-\delta}^{0} = [d_z(1+\varphi)+0.7\Delta]_{-\Delta/4}^{0}$$

$$h_{-\delta}^{0} = [h_z(1+\varphi)+0.7\Delta]_{-\Delta/4}^{0}$$

① A 类尺寸:$\phi6\to\phi6_0^{+0.17}$;$d_{-\delta}^{0}=[6(1+0.6\%)+0.7\times0.17]_{-0.17/4}^{0}=6.16_{-0.043}^{0}$。

② $\phi8\to\phi8_0^{+0.17}$;$d_{-\delta}^{0}=[8(1+0.6\%)+0.7\times0.17]_{-0.17/4}^{0}$

$d_{-\delta}^{0}=8.17_{-0.043}^{0}$,取 $8.17_{-0.043}^{0}$。

③ $\phi47.8_0^{+0.4}$;$d_{-\delta}^{0}=[47.8(1+0.6\%)+0.7\times0.4]_{-0.4/4}^{0}$,$d_{-\delta}^{0}=48.3668_{-0.1}^{0}$,取 $48.37_{-0.1}^{0}$。

④ $16\to16_0^{+0.17}$;$h_{-\delta}^{0}=[16(1+0.6\%)+0.7\times0.17]_{-0.17/4}^{0}$,$h_{-\delta}^{0}=16.22_{-0.043}^{0}$,取 $16.22_{-0.043}^{0}$。

(3) 壳体压铸模中心距尺寸

27.9 ± 0.1;$L\pm\delta/2=[27.9(1+0.6\%)]\pm(0.1/5)$,$L\pm\delta/2=28.0674\pm0.02$,取 28.07 ± 0.02。

5. 壳体(铸件)尺寸及偏差与相应压铸模成型零件尺寸及偏差对照

壳体(铸件)尺寸及偏差与相应成型零件尺寸及偏差对照见表 2-10-2。

表 2-10-2　壳体(铸件)尺寸及偏差与相应成型零件尺寸及偏差对照

铸件尺寸/mm	尺寸类别		铸件尺寸及偏差/mm	收缩率 φ/mm	成型零件尺寸/mm	成型尺寸类别	成型零件公差/mm	成型零件尺寸及偏差/mm
$\phi56$		A类	$\phi56_{-0.3}^{0}$	自由,取 0.8%	$\phi56.24$		$0.3/4=0.075$	$\phi56.24_0^{+0.075}$
20	轴类	B类	$20_{-0.35}^{0}$		19.92	型腔类	$0.35/4=0.09$	$19.92_0^{+0.09}$
8		B类	$8_{-0.32}^{0}$	混合,取 0.6%	7.82		$0.32/2=0.08$	$7.82_0^{+0.08}$

续表

铸件 尺寸/mm	尺寸 类别		铸件尺寸 及偏差/mm	收缩率 φ/mm	成型零件 尺寸/mm	成型尺 寸类别	成型零件 公差/mm	成型零件尺 寸及偏差/mm
$\phi6$	孔类	A 类	$\phi6^{+0.17}_{0}$	阻碍， 取 0.5%	$\phi6.15$	型芯类	0.17/4=0.043	$\phi6.15^{0}_{-0.043}$
$\phi8$			$\phi8^{+0.17}_{0}$		$\phi8.17$		0.17/4=0.043	$\phi8.17^{0}_{-0.043}$
$\phi48\pm0.2$			$\phi47.8^{+0.4}_{0}$		$\phi48.37$		0.4/4=0.1	$\phi48.37^{0}_{-0.1}$
16			$16^{+0.17}_{0}$		16.22		0.17/4=0.043	$16.22^{0}_{-0.043}$
$280-0.2$	中心		27.9 ± 0.1	混合， 取 0.6%	28.07	中心	0.2/8=0.03	28.07 ± 0.03

6. 成型零件材料及热处理

查表铝合金压铸模模仁及型芯材料为 H13（4Cr5MoV1Si），热处理要求为 43～47HRC。

7. 壳体压铸模成型零件图纸

壳体压铸模成型零件图纸如图 2-10-2～图 2-10-4 所示。

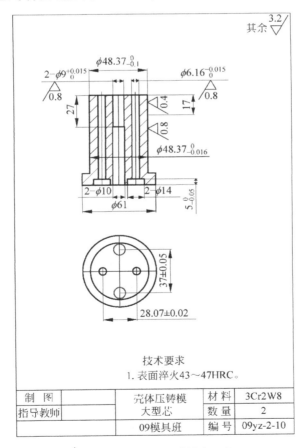

图 2-10-2　壳体压铸模大型芯

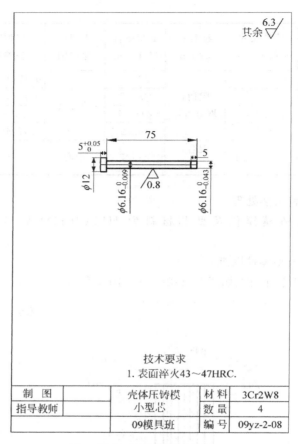

图 2-10-3　壳体压铸模小型芯

制　图		壳体压铸模 小型芯	材　料	3Cr2W8
指导教师			数　量	4
	09模具班		编　号	09yz-2-08

技术要求
1. 表面淬火43～47HRC.

知识拓展

压铸模维修方法

（1）型腔表面如有烧蚀、拉伤，应进行打磨和抛光。

（2）型腔表面的龟裂可用钨极强化机进行强化打磨。

（3）型腔表面的裂纹、凹坑、划痕可进行焊补，然后进行加工、打磨、抛光和进行局部氮化。

（4）型芯凸起物如有弯曲或裂纹应修复或更换。

（5）顶杆、导杆如有卡滞应清理或修理，如有弯曲或磨损应设法修复。

（6）排气系统应清理干净，冷却系统应畅通无堵塞。

（7）修理过的模具应按工艺技术文件进行检测和鉴定。

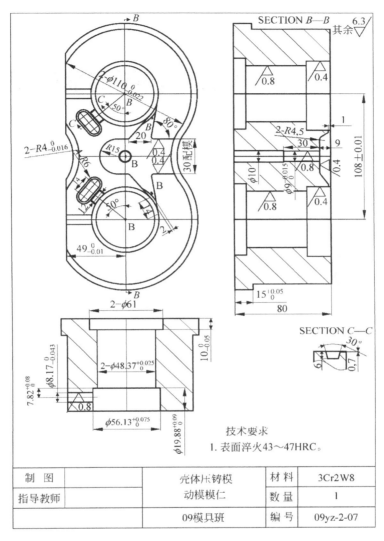

图 2-10-4　壳体压铸模动模模仁

思考题

1. 卧式冷压室压铸机压铸模采用一模多腔的型腔布置与热压室压铸机压铸模有什么不同？

2. 成型尺寸的计算要点有哪些？

任务十一　壳体压铸模侧抽芯机构设计

任务引入

图 2-1-1 及图 2-1-2 分别为壳体平面图和立体图,完成壳体压铸模侧抽芯机构设计。该铸件要求强度高,重量轻,在 100℃ 以上高温、高湿工作环境能正常工作。

任务操作流程

1. 壳体压铸模抽芯力计算。
2. 壳体压铸模抽芯距计算。
3. 斜导柱设计。
4. 滑块形式与主要尺寸计算。
5. 楔紧块斜角计算。
6. 侧型芯导向孔的配合公差带及配合长度。

教学目标

※能力目标
能够设计压铸模侧抽芯机构。
※知识目标
熟悉压铸模侧抽芯机构设计内容。

相关知识

一、抽芯力 $F_{抽}$ 计算

$$F_{抽} = Alp(u\cos\alpha - \sin\alpha)$$

A 为侧型芯的截面周长；l 为侧型芯成型段长度；p 为挤压应力；铝合金取 $10\sim$ 12MPa；u 为铝合金与型芯的摩擦系数，取 $0.2\sim0.25$；α 为脱模斜角。

二、抽芯矩 $S_{抽}$

$$S_{抽}\geqslant 铸件侧孔处壁厚+(5\sim10)mm$$

三、斜导柱抽芯组成

斜导柱抽芯机构组成（与塑料模相同）如图 2-11-1 所示。

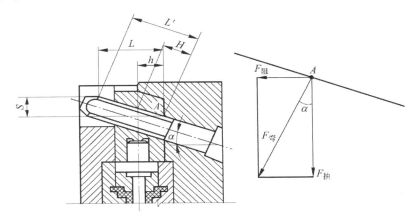

图 2-11-1　抽芯机构组成

四、斜导柱设计

1. 斜导柱倾斜角 α 的确定

通常 $\alpha=10°、18°、20°、25°$。

2. 斜导柱直径的估算与查用

斜导柱直径的估算与查用按下式确定：

$$d\geqslant\sqrt[3]{\frac{F_{弯}h}{30\cos\alpha}}\quad 或\quad d\geqslant\sqrt[3]{\frac{Fh}{30\cos^2\alpha}}$$

式中，d 为斜销直径（mm）；$F_{弯}$ 为斜导柱承受的最大弯曲力（N）；h 为滑块端面到受力点的垂直距离（mm）；F 为抽芯力（N）；α 为斜导柱倾斜角。

3. 斜导柱孔位的确定

如图 2-11-2 所示，确定斜导柱孔位步骤如下。

（1）在滑块顶面长度 1/2 处取 B 点，通过 B 点做出斜导柱斜角为 α 的直线段，与模具外平面处交于 A 点。

（2）取 A 点到模具中心线距离 S，调整为整数。

（3）确定沿斜导柱中心线上 $B、C、D$ 各点位置。

（4）滑块分型面上斜导柱孔位置，应处于滑块中心线上且斜导柱孔中心线投影线与滑块抽芯方向的轴线重合（A 向视图）。

（5）先将滑块装入模具导滑槽内，再将动、定模合紧后加工安装斜导柱的斜孔。

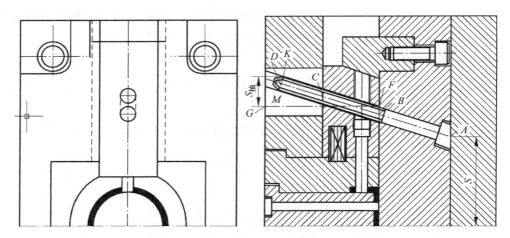

图 2-11-2 斜导柱孔位示意图

4. 斜导柱长度确定

如图 2-11-2 所示,确定斜导柱长度。

(1) 自 F 点做与分型面相垂直的直线 FG,做与 FG 距离为 $S_{抽}$(抽芯距)的平行线与斜导柱上母线交于 K 点。

(2) 自 K 点做垂直于斜销中心线的 KM 线,与斜导柱下母线交于 M 点。

(3) 连接 KF 线,自 M 点做与斜导柱中心线平行的线即可。

5. 斜导柱与其他零件的配合

(1) 斜导柱与模板的配合:H7/s6。

(2) 斜导柱与滑块的配合:H11/h11,H11/b11,H11/c11。

五、滑块设计

1. 滑块的形式

(1) 滑块靠底部的倒 T 形部分导滑,用于较薄的滑块型芯。中心与导滑面较靠近,抽芯时滑块稳定性较好,如图 2-11-3 所示。

(2) T 形导滑面设在滑块中间,适用于滑块较厚时的情况。使型芯中心尽量靠近 T 形导滑面,以提高抽芯时滑块的稳定性,如图 2-11-4 所示。

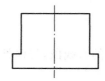 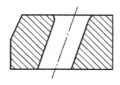

图 2-11-3 导滑面设在滑块底部

 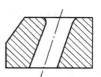

图 2-11-4 导滑面设在滑块中间

2. 滑块尺寸

滑块主要尺寸如图 2-11-5 所示。

(1) 滑块宽度 C 及高度 B 尺寸见表 2-11-1。

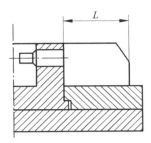
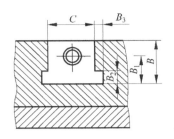

图 2-11-5　滑块的主要尺寸

表 2-11-1　滑块宽度 C 及高度 B 尺寸

简　　图	计　算　公　式
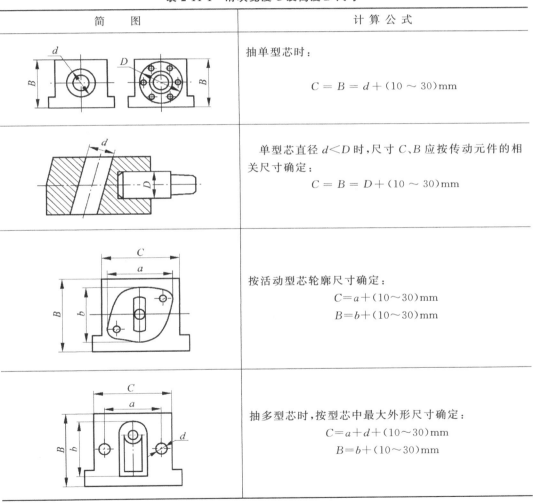	抽单型芯时： $$C = B = d + (10 \sim 30)\,\mathrm{mm}$$
	单型芯直径 $d < D$ 时，尺寸 C、B 应按传动元件的相关尺寸确定： $$C = B = D + (10 \sim 30)\,\mathrm{mm}$$
	按活动型芯轮廓尺寸确定： $$C = a + (10 \sim 30)\,\mathrm{mm}$$ $$B = b + (10 \sim 30)\,\mathrm{mm}$$
	抽多型芯时，按型芯中最大外形尺寸确定： $$C = a + d + (10 \sim 30)\,\mathrm{mm}$$ $$B = b + (10 \sim 30)\,\mathrm{mm}$$

（2）滑块长度 L：$L \geqslant 0.8C$ 且 $L \geqslant B$，滑块长度 L 见表 2-11-2。

表 2-11-2　滑块长度 L

简　　图	计 算 公 式
	$L=L_1+L_2+L_3+L_4$ L_1—安装活动型芯部分 L_2—取 5～10 L_3—斜销孔投影尺寸 L_4—取 10～20

（3）活动型芯中心到滑块底面的距离 B_1：$B_1=0.5B$（或 $0.5C$），如图 2-11-5 所示。

（4）T 形滑块导滑部分厚度 B_2：$B_2=15～25$，如图 2-11-5 所示。

（5）T 形滑块导滑部分宽度 B_3：$B_3=6～10$。

（6）用来安装滑块的套板导滑槽长度 L_1：

$$L_1 \geqslant 2/3L' + S_{抽}$$

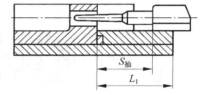

式中，L' 为滑块长度；$S_{抽}$ 为抽芯距离，$S_{抽}=S+(5～8)$，S 为侧型芯成型部分长度。

侧型芯抽芯位置如图 2-11-6 所示。

图 2-11-6　侧型芯抽芯位置

3. 滑块与模具其他零件的配合

（1）滑块与导滑槽的配合：H9/f9。

（2）滑块与斜导柱的配合：H11/c11。

4. 滑块导滑部分的结构设计

压铸模滑块导滑槽形式与塑料模相似，如图 2-11-7 所示。

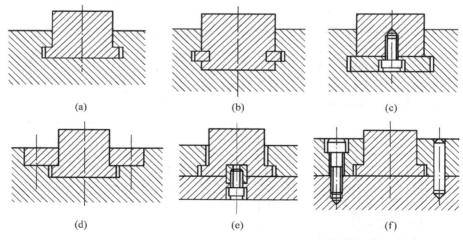

图 2-11-7　滑块导滑槽形式

5. 滑块定位装置

压铸模滑块定位装置形式与塑料模相似，如图 2-11-8 所示。

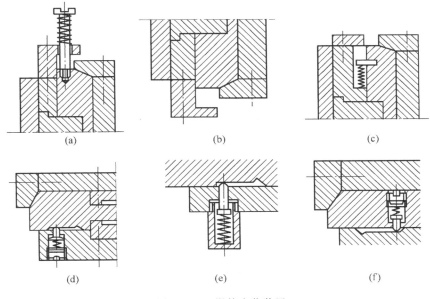

图 2-11-8　滑块定位装置

6. 滑块锁紧装置

（1）压铸模滑块锁紧装置结构组成与塑料模相似，如图 2-11-9 所示。

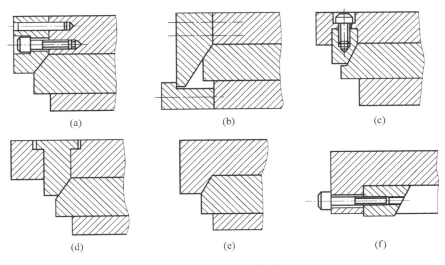

图 2-11-9　滑块锁紧装置

（2）楔紧块斜角 β（见图 2-11-10）

$$\beta = \alpha + (3° \sim 5°)$$

7. 滑块与型芯的连接

压铸模滑块与型芯的连接形式与塑料模相似，如图 2-11-11 所示。

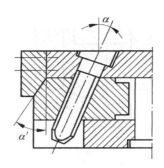

图 2-11-10 楔紧块斜角及斜导柱斜角关系

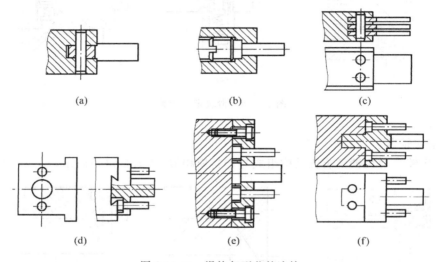

图 2-11-11 滑块与型芯的连接

任务实施

1. 壳体压铸模抽芯力 $F_抽$ 的确定

壳体压铸模抽芯力 $F_抽$ 按下式确定：

$$F_抽 = A\iota p(\mu\cos\alpha - \sin\alpha)$$

（1）被铸件包紧的型芯成型部分断面（$\phi8$ 圆周）周长 $A = 2\pi r = 2 \times 3.14 \times 4 = 25.132$mm。

（2）被铸件包紧的型芯成型部分长度 $\iota =$ 铸件壁厚 $= 4$mm。

（3）挤压应力（铝合金）$p = 10 \sim 12$MPa，取 12MPa。

（4）压铸合金对型芯的摩擦因数 $= 0.2 \sim 0.25$，取 $\mu = 0.25$。

（5）脱模斜度 $\alpha = 1°$（本项目任务一中查得）。

将相关内容代入公式得

$$F_{抽} = 25.132 \times 4 \times 12 \times (0.25\cos1° - \sin1°) = 301N$$

2. 壳体压铸模抽芯距离 $S_{抽}$ 的确定

壳体压铸模抽芯距离 $S_{抽}$ 按下式确定：

$$S_{抽} = h + (3 \sim 5) = 4 + (3 \sim 5) = 7 \sim 9mm$$

h 为侧抽芯处铸件壁厚，为 4mm。

3. 斜导柱设计

（1）斜导柱固定端尺寸及配合精度

① 固定端配合长度：$\iota > 1.5 \times d = 1.5 \times 8 = 12mm$，取 50mm。

② 固定端台阶外径 D：$D = d + (6 \sim 8) = 10 + (6 \sim 8) = 16 \sim 18mm$，取 18mm。

③ 固定端台阶高度 h：$h > 5$。

④ 斜导柱与模板安装孔的配合：H7/s6。

⑤ 斜销导柱与滑块斜孔的配合：H11/h11。

（2）斜导柱固定端的基本形式：固定段与工作段直径相同，如图 2-11-12 所示。

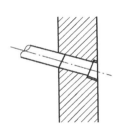

（3）斜导柱孔位的确定（作图法，见图 2-11-2）

① 在滑块顶面长度一半处取点 B，通过 B 点做斜导柱斜角为 α 的直线段与模具外平面处 A 点相交。

② 取 A 点到模具中心线的距离，圆整为整数后即为孔距的基本尺寸 S。

图 2-11-12　固定段与工作段直径相同

③ 查表确定斜销中心线上与其他零件相交点到模具中心线的距离。

④ 滑块分型面上斜导柱孔的位置，应处于滑块中心线上且斜销孔中心线的投影应与滑块抽芯方向的轴线相重合。

⑤ 斜导柱孔一般是在滑块与其他零件装配后加工。

（4）斜销受力点垂直距离 h：由于侧孔尺寸为 $\phi8$，侧型芯安装孔设为 $\phi15$，取 $h = 15mm$。

（5）斜导柱斜角 α 的确定：由于本模具抽芯距离短（9mm），抽芯力小（301N），选择 $\alpha = 18°$。

（6）斜导柱直径 d 估算：$d \geqslant (F_{抽} \times h / 30\cos^2\alpha)^{1/3} = (301 \times 15 / 30\cos^2 18°)^{1/3} = 5.5mm$。

套斜导柱标准，取斜导柱直径 $d = 10mm$。固定段套板厚度为 50mm（模架选定后得知）。

（7）斜导柱长度 L 的确定：在 AutoCAD 图中确定。

（8）斜导柱零件图如图 2-11-13 所示。

4. 滑块形式与主要尺寸

侧型芯直径为 8mm < 斜销直径（10mm），且单型芯抽芯，查表有：

（1）滑块宽度 C = 滑块高度 B = 侧型芯直径 + $(10 \sim 30) = 8 + (10 \sim 30) = 38mm$。

取 $C = B = 40mm$，滑块长度 $L \geqslant B$，取 $L = 66mm$。

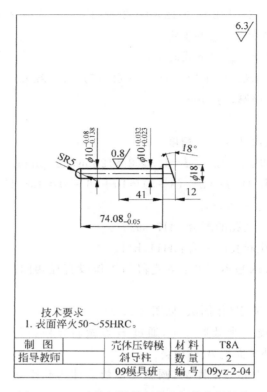

图 2-11-13　壳体压铸模侧抽芯机构中斜导柱

（2）活动型芯中心到滑块底面的距离 B_1：$B_1 = 0.5B = 20\text{mm}$。

（3）T 形滑块导滑部分厚度 B_2：$B_2 = 15\sim25\text{mm}$，取 15mm。

（4）T 形滑块导滑部分宽度 B_3：$B_3 = 6\sim10\text{mm}$，取 10mm。

（5）用来安装滑块的套板导滑槽长度 L_1：$L_1 \geqslant 2/3L + S_{抽} = (2/3)\times66 + 9 = 53\text{mm}$，考虑到楔紧块的安装位置，取 102mm。

（6）滑块与导滑槽的配合：H9/f9。

（7）滑块与斜销的配合：H11/h11。

5. 楔紧块斜角 β

楔紧块斜角 β 按下式确定：

$\beta = \alpha + 2°\sim3° = 18° + 2°\sim3°$，取 $\beta = 20°$。

6. 壳体压铸模侧型芯导向孔的配合公差带及配合长度

（1）侧型芯直径为 8mm，查表有：配合长度 $\geqslant$15mm，取 20mm；

（2）配合公差带（铝合金）为 H7/e8。

7. 楔紧块

楔紧块如图 2-11-14 所示，滑块如图 2-11-15 所示。

8. 安装斜导柱定模座板

斜导柱定模座板如图 2-11-16 所示。

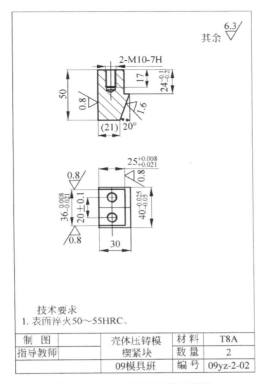

技术要求
1. 表面淬火50～55HRC。

制　图		壳体压铸模楔紧块	材　料	T8A
指导教师			数　量	2
	09模具班		编　号	09yz-2-02

图 2-11-14　壳体压铸模楔紧块

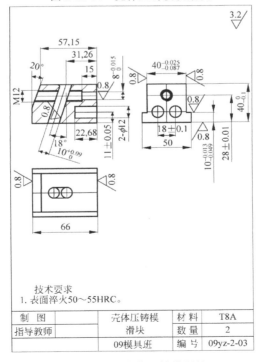

技术要求
1. 表面淬火50～55HRC。

制　图		壳体压铸模滑块	材　料	T8A
指导教师			数　量	2
	09模具班		编　号	09yz-2-03

图 2-11-15　壳体压铸模滑块

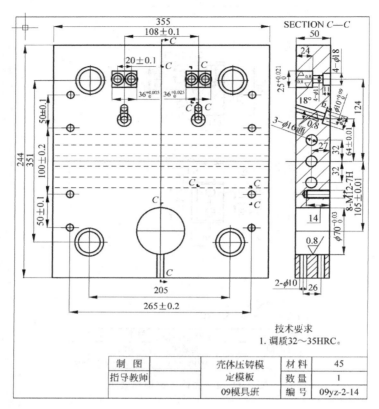

图 2-11-16　壳体压铸模定模座板

思考题

1. 菜单侧型芯直径为 $\phi30$；其滑块宽度应为_____。

2. 滑块与导滑模的配合形式为_____；滑块与斜导柱的配合形式为_____；

3. 斜导柱与模板的配合形式为_____；斜导柱与滑块的配合形式有_____；_____；_____。

任务十二　壳体压铸模模架选择

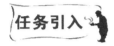

任务引入

根据图 2-1-1 和图 2-1-2 所示的壳体平面图和立体图,选择壳体压铸模模架。该铸件要求强度高,重量轻,在 100℃ 以上高温、高湿工作环境能正常工作。

任务操作流程

1. 确定动、定模套板及座板长、宽、厚。
2. 绘制型腔、镶块及型腔套板布置图。
3. 动模支承板厚度校核。
4. 导向机构设计。
5. 垫块高度设计。
6. 模架标识。

教学目标

※能力目标
能够根据具体压铸件选择压铸模模架。
※知识目标
掌握压铸模模架选择步骤。

相关知识

一、型腔模板长、宽、高($A_2 \times C_2 \times H$)设计应考虑的三个要素

1. 压铸工艺上的需要
(1)浇注系统、排溢系统所用的位置,特别是卧式压铸机所用模具,通常模套位置应偏离模架中心。

（2）压铸模温度调节系统的空间位置。

2. 模具结构上的需要

（1）在模架横向位置,应留出导向零件和复位杆的位置。

（2）压铸模上如果有侧向抽芯机构,还应留出侧抽芯的移动空间。

3. 模具强度要求

模具强度要求（由模仁本身侧壁厚度 H_1 及型腔套模板边框尺寸 h_1 保证）如图 2-12-1 和图 2-12-2 所示。模具强度由模仁边缘厚度 H_1 来保证模具强度,再考虑浇口套所需尺寸,可确定模板尺寸 $A_2 \times C_2$;侧边 h_1 只需考虑导向零件和复位杆的位置要求,可确定模架。

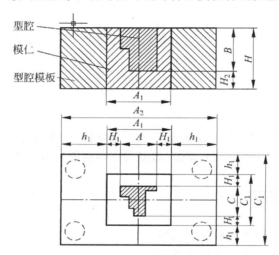

图 2-12-1 一模单腔模板布置图

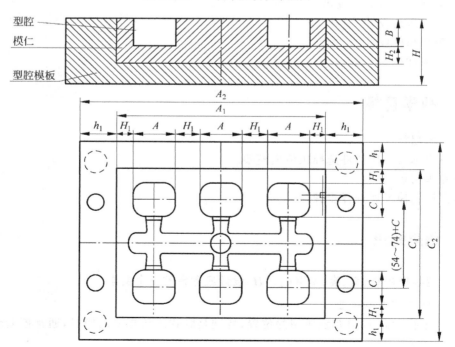

图 2-12-2 一模多腔模板布置图

二、型腔模板外形尺寸($A_2 \times C_2 \times H$)设计顺序

1. 确定模仁侧壁厚度及底部厚度。

查表确定模仁侧壁厚度 H_1 及底部厚度 H_2。

2. 确定模仁长、宽尺寸($A_1 \times C_1$)

模仁侧壁厚度及底部厚度推荐值见表 2-12-1。

表 2-12-1　模仁侧壁厚度 H_1 及底部厚度 H_2 推荐值

型腔长度尺寸 $A(C)$/mm	型腔深度 B/mm	模仁侧壁厚度 H_1/mm	模仁底部厚度 H_2/mm
≤80	5~50	15~30	≥15
>80~120	10~60	20~35	≥20
>120~160	15~80	25~40	≥25
>160~220	20~100	30~45	≥30
>220~300	30~120	35~50	≥35
>300~400	40~140	40~60	≥40
>400~500	50~160	45~80	≥45

查表 2-12-1，模仁侧壁厚度 H_1，根据压铸件在分型面上投影的最大轮廓尺寸，每边加一个距离 H_1；模仁底部厚 H_2 查表 2-12-1。

3. 确定模仁厚度

模仁厚度＝型腔深度＋模仁底部厚度 H_2。

4. 确定型腔模板边框

型腔模板边框周边尺寸 a、留底尺寸 b 及浇口套边缘到 A 板边缘距离 C，见表 2-12-2。

表 2-12-2　型腔模板也框尺寸参考数值

	压力机额定锁模力/kN	周边尺寸 a/mm	留底尺寸 b/mm		浇口套边缘到 A 板边缘距离 c/mm
			A 板	B 板	
	<1800	60	50	60	50
	2500~2800	80	50~60	80	50
	4000~5000	100~120	70~80	100~120	50~60
	6300~8000	140	80~110	140	60~80
	10 000~12 500	140~150	90~110	140~150	定位孔边+25
	>16 000	150~160	100~120	150~160	定位孔边+30

5. 型腔模板长、宽尺寸 $A_2 \times C_2$ 的确定（无侧抽芯）。

型腔模板长、宽尺寸在模仁基础上放一个型腔模板边框尺寸 a。

6. 型腔模板长、宽尺寸 $A_2 \times C_2$ 的确定（有侧抽芯）。

在模仁基础上放一个型腔套板边框尺寸 h_1'，$h_1' \geq$ 侧抽芯距离＋2/3 侧抽芯滑块总长。

三、型腔模板厚度确定

型腔模板厚度＝留底尺寸 b ＋模仁厚度。

四、确定模架型号

根据型腔模板尺寸,查表确定模架型号。

五、垫高块高度 E 确定

垫高块高度 $E \geqslant$ 推板厚度＋推杆固定板厚度＋推出行程＋(5～10),查表 2-12-3～表 2-12-7。

表 2-12-3　2530 型模架未定尺寸

编号	定模套板厚	动模套板厚	垫块高	模架总高
	A/mm	B/mm	E/mm	H/mm
1	40	50	170	360
2		80		390
3	60	50		380
4		80		410
5	40	80	140	360
6	60	80		380

表 2-12-4　3035 型模架未定尺寸

编号	定模套板厚	动模套板厚	垫块高	模架总高
	A/mm	B/mm	E/mm	H/mm
1	50	50	170	380
2		80		410
3	80	50		410
4		80		440
5	50	80	140	380
6	80	50		380
7		80		410

表 2-12-5　3540 型模架未定尺寸

编号	定模套板厚	动模套板厚	垫块高	模架总高
	A/mm	B/mm	E/mm	H/mm
1	50	50	170	380
2		80		410
3	80	50		410
4		80		440
5	50	80	140	380
6	80	50		380
7		80		410

表 2-12-6　4045 型模架未定尺寸

编号	定模套板厚	动模套板厚	垫块高	模架总高
	A/mm	B/mm	E/mm	H/mm
1	80	80	140	440
2		100		460
3	100	80		460
4		100		480

表 2-12-7　4550 型模架未定尺寸

编号	定模套板厚	动模套板厚	垫块高	模架总高
	A/mm	B/mm	E/mm	H/mm
1	80	80	140	440
2		100		460
3	100	80		460
4		100		480

六、对所选模架的支承板厚度 D 进行强度校核

根据支承板承受的总压力 $F = p \times A_{总}$ 查表得支承板厚度 D'，$D \geqslant D'$。

七、模架具体型号的确定

模架具体型号的确定见表 2-12-8。

表 2-12-8　各型号卧式冷压室压铸机对应模架

卧式冷压室压铸机型号	模架系列选用表				
	2530	3035	3540	4045	4550
J116	√				
J116A	√				
J1110	√	√			
J1113A	√	√	√	√	
J1113B	√	√	√		
J1116		√	√		
J1125		√	√	√	√
J1140					√

说明：本表模具安装时从压铸机上方吊入，且以国产压铸机为主。

八、校核所选模架尺寸

对所选模架尺寸进行校核，见表 2-12-9。

表 2-12-9　卧式冷压室压铸机用动、定模座板推荐尺寸

压铸机型号	尺寸代号					
	动定模座板长×宽 /(mm×mm)		动定模座板厚度 H/mm	定模座(浇口套用)压室沉孔 D/mm	压室沉孔深度 h/mm	L/mm
	最大	最小				
J113	240×330	200×300	15～20	$\phi 65^{+0.03}_{0}$	$10^{+0.022}_{0}$	50～55
J116	260×450	240×230		$\phi 70^{+0.03}_{0}$	$8^{+0.022}_{0}$	55～60
J1113	450×450	300×300	20～30	$\phi 110^{+0.035}_{0}$	$10^{+0.022}_{0}$	70～90
J1113A	450×450	300×300				
J1113B	410×410	260×260				
J1125	510×410	360×320	30～40		$12^{+0.027}_{0}$	
J1125A	510×410	360×320				
J1140	760×660	530×480	40～50	$\phi 150^{+0.04}_{0}$	$15^{+0.027}_{0}$	100～120
J1163	900×800	660×480	45～60	$\phi 180^{+0.04}_{0}$	$25^{+0.033}_{0}$	135～150

任务实施

1. 确定模仁长、宽尺寸 $A_1 \times C_1$（一模两腔）

型腔为 $\phi 55.82$ mm，深 19.76 mm，查表 2-5-3 得模仁侧壁厚 $H_1 = 15 \sim 30$ mm，取 25 mm，则 $A_1 =$ 中心距 $130 + 55.82 + 25 \times 2 = 235.82$，$C_1 = 55.82 + 2 \times 25 = 105.82$ mm，取 $\phi 110$。

2. 确定模仁厚度

查表得模仁底部厚度 $= 15$ mm，模仁厚度 $=$ 底部厚度 $+$ 型腔深度 $= 15 + 19.76 = 34.76$ mm，取 35 mm。

3. 确定套板长、宽尺寸 $A_2 \times C_2$

由于所选压铸机为 J1110A，锁模力为 1000 kN $<$ 1800 kN，查表 2-5-4，取模框厚度 $a = 60$ mm，考虑到 J1110A 压铸机浇注系统偏心距为 0、60、120 mm 及浇口套处沉孔直径 $\phi 90$ mm 尺寸，偏心距设为 105 mm。另外，还要考虑到侧抽芯滑块的套板导滑槽长度 L_1。

模板尺寸计算如图 2-13-3 所示：模板外形尺寸为 355.82×326，套标准模具尺寸为 355×355。

4. 确定套板厚度

查表得定模套板厚 $A = 80$ mm，动模套板厚 $B = 50$ mm。

5. 壳体压铸模套板尺寸

壳体压铸模套板尺寸如图 2-12-3 所示。

6. 315×351 型模架各板尺寸

查得 315×351 型模架各板尺寸如下：

定模座板厚：$A = 32$；$355 \times 355 \times 32$。

定模套板厚：$B = 80$；$355 \times 355 \times 80$。

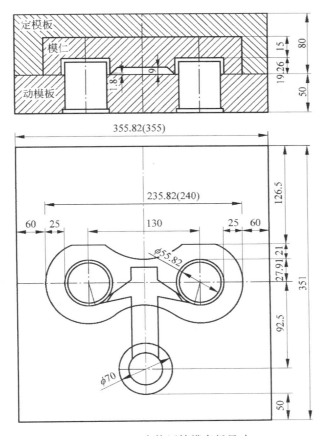

图 2-12-3　壳体压铸模套板尺寸

动模套板厚：$C=50$；$355×355×50$。

支承板厚：$D=50$；$355×355×50$。

动模座板厚：$F=32$；$355×355×32$。

推板：$G=25$；$205×355×25$。

推杆固定板：$H=16$；$205×355×16$。

垫块：高 $E\geqslant$推出行程＋推板厚＋推杆固定板厚＋$(5\sim10)\geqslant26+25+16+10=$
$77mm$，选 $E=80mm$。

7．校核支承板强度

据前面任务三中知，支承板承受的总压力（胀型力）：

$F=A×p=528.7kN$，查表得支承板厚度 $D'=30$、35、$40mm$，选支承板厚 $D=50mm$，
故 $D\geqslant D'$，所选模架满足强度要求。

8．壳体压铸模模架

壳体压铸模模架如图 2-12-4 所示。

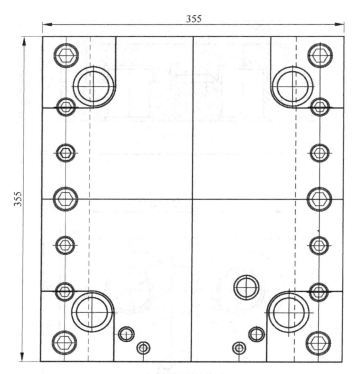

SECTION *A—A*

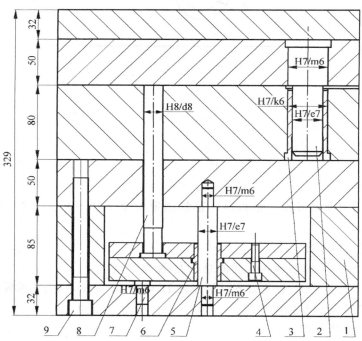

图 2-12-4　壳体压铸模模架

1—垫高块；2—导柱；3—导套；4—螺钉；5—推板导柱；

6—推板导套；7—垃圾钉；8—复位杆；9—螺钉

知识拓展

压铸模设计与制造工作流程见表 2-11-10。

表 2-11-10 压铸模设计与制造工作流程

工作内容			责任部门	备 注
模具设计与制造前的资料准备分析	1	压铸件分析	模具设计部	
	2	压铸件成型工艺分析	模具设计部	
	3	模具合同与报价	营销部	顾客参与
	4	模具开发计划制定	生产计划部	
	5	压铸件测绘及 UG 造型	模具设计部	顾客参与
模具结构设计	6	模具材料选择	模具设计部	
	7	型腔塑料及排列方式选择	模具设计部	
	8	模具外形尺寸确定	模具设计部	
	9	选择分型面	模具设计部	
	10	浇注与排溢系统设计	模具设计部	
	11	压铸件侧凹部分的处理	模具设计部	
	12	推出与复位机构的设计	模具设计部	
	13	模具成型零件设计	模具设计部	
	14	UG 三维模具设计	模具设计部	
	15	装配图及零件图的绘制	模具设计部	顾客参与
模具制造	16	模具生产技术准备	生产计划部	采购部参与
	17	模具零件的加工	模具车间	
	18	模具装配	模具车间	
	19	模具安装调试	模具车间	顾客确认

思考题

1. 斜导柱抽芯机构由哪些零件组成？简述其抽芯过程。

2. 斜导柱抽芯机构用于什么场合？

3. 斜导柱与模板是怎样安装配合的？

任务十三　壳体压铸模推出机构设计、零件材料及技术要求、装配图及零件图的绘制

任务引入

根据图 2-1-1 和图 2-1-2 所示的壳体平面图和立体图,完成壳体压铸模推出机构设计、材料选用及技术要求、装配图及零件图的绘制。该铸件要求强度高,重量轻,在 100℃以上高温、高湿工作环境能正常工作。

任务操作流程

1. 壳体压铸模推出力计算。
2. 壳体压铸模推杆直径和数量。
3. 推杆与模板配合长度及偏差带。
4. 推杆稳定性校核。
5. 推出行程计算。
6. 推杆材料及热处理、粗糙度。
7. 读壳体压铸模装配图,拆零件图。

教学目标

※能力目标
1. 能够设计压铸模推出机构。
2. 能够确定压铸模技术要求及选择主要工作零件材料。
3. 能够读懂压铸模装配图,拆画零件图。
4. 根据壳体铝合金压铸模装配图,拆画零件图。

※知识目标
1. 掌握压铸模推出机构设计内容。
2. 熟悉压铸模技术要求及零件材料。
3. 掌握压铸模装配图绘制顺序和技术要求。

4. 熟悉铝合金压铸模技术要求、零件材料选择及热处理。

相关知识

一、推出机构组成、原理

推出机构组成、原理见项目一任务十三。

二、推出机构设计

1. 脱模力计算

脱模力按下式计算：

$$F_t \geqslant K \times p \times A(\mu\cos\alpha - \sin\alpha)$$

式中，F_t 为脱模力；p 为挤压应力，铝合金 $p = (10 \sim 12)$ MPa；μ 为摩擦系数，铝合金与钢的摩擦系数，取 0.17；α 为脱模斜角，由项目二任务一知，$\alpha = 1°$；A 为压铸件包紧型芯的侧面积（mm^2）；K 为安全系数，一般取 1.2 左右。

推出时为使铸件不变形不损坏，需从铸件和椎杆两方面来考虑。根据铸件许用应力可算出所需推杆总截面积，从而确定推杆的数量、直径。由于推杆长度与直径之比较大，在确定椎杆的数量和直径后，还要对细长推杆的刚度进行校核。

2. 推杆的直径和数量的确定

(1) 推杆的直径可查国家标准。

(2) 推杆的数量 n 与推杆的截面面积 A、压铸合金许用应力 $[\sigma]$、总脱模力有关。

$$n = F_t / A \times [\sigma]$$

压铸铝合金许用应力 $[\sigma] = 50$ MPa。

3. 推杆承受静压力下的稳定性计算

推杆承受静压力下的稳定性可按下式计算：

$$K_稳 = \eta \times E \times J / F_t \times l^2$$

式中，$K_稳$ 为稳定安全系数，钢制推杆时，取 1.5~3；η 为稳定系数，$\eta = 20.19$；E 为弹性模量，推杆为钢时，取 2×10^7（N/cm^2）；J 为推杆最小截面处的抗弯截面惯性矩，推杆为圆形截面时，$J = \pi \times d^4 / 64$（cm^4）；推杆为矩形截面时，$J = a^3 \times b / 12$（cm^4）；F_t 为推杆承受的实际推力（N）；l 为推杆全长（cm）。

4. 铝合金压铸模推杆与模板孔配合公差带及配合长度

(1) 推杆截面为圆形时，铝合金压铸模推杆与模板孔配合公差带为 H7/e8。

(2) 推杆截面为其他截面时，推杆与推杆孔的配合公差带为 H8/f8。

(3) 推杆与推杆孔配合长度 L

① 推杆直径 $d < 5$ 时，配合长度 $L = 12 \sim 15$。

② 推杆直径 $d > 5$ 时，配合长度 $L = (2 \sim 3)d$。

三、压铸模零件材料选择

压铸模零件一方面受到金属液的直接冲刷、磨损、高温氧化和各种腐蚀；另一方面由于高效率生产，模具温度升高和降低非常剧烈，形成周期性的变化。因此，选择压铸模零件材料时要按以下要求选择。

1. 对压铸模零件材料的要求

(1) 具有良好的可锻性和切削性。

(2) 高温下具有较高的红硬性、高温强度、高温硬度、抗回火稳定性和冲击韧性。

(3) 具有良好的导热性和抗疲劳性。

(4) 具有足够的高温抗氧化性。

(5) 热膨胀系数小。

(6) 具有高的耐磨性和耐蚀性。

(7) 具有良好的淬透性和较小的热处理变形率。

2. 与金属液接触压铸模零件材料的选用及热处理要求

与金属液接触压铸模零件材料的选用及热处理要求见表 2-13-1。

表 2-13-1　与金属液接触的零件材料的选用及热处理要求

零件名称		压铸合金			热处理要求	
		锌合金	铝、镁合金	铜合金	锌合金、铝合金、镁合金	铜合金
与金属液接触的零件	型腔镶块、型芯、滑块中成型部位等成型零件	4CrMoV1Si 3Cr2W8V (3Cr2W8) 5CrNiMo 4CrW2Si	4CrMoV1Si 3Cr2W8V (3Cr2W8)	3Cr2W8V (Cr2W8) 3Cr2W5Co5MoV 4Cr3Mo3W2V 4Cr3Mo3SiV 4Cr5MoV1Si	4CrMoV1Si (43～47HRC) 3Cr2W8V (44～48HRC)	38～42HRC
	浇道镶件、浇道套、分流锥等浇注系统	4CrMoV1Si 3Cr2W8V (3Cr2W8)				

3. 不与金属液接触的压铸模零件材料的选用及热处理要求

不与金属液接触的压铸模零件材料的选用及热处理要求见表 2-13-2。

表 2-13-2　不与金属液接触的零件材料的选用及热处理要求

模具零件名称	模具材料	热处理硬度/HRC
推杆、推管、推板、复位杆等推出与复位零件；导柱、导套等导向导滑零件；滑块、斜滑块、斜导柱等抽芯零件	T8A、T10A、9Mn2V	50～55
齿轮、齿条等抽芯零件；定模套板、动模套板、支承板等支承与固定零件；	45、Q235-A	40～45 / 28～32
定模座板、动模座板、垫块等模架零件；推出与复位机构用板	30、45、Q235-A	回火

四、压铸模技术要求

1. 装配图需注明的技术要求

(1) 压铸件的主要尺寸及浇注系统。

（2）模具的最大外形尺寸。

（3）最小的开模行程。

（4）推出机构的推出行程。

（5）模具有关附件的规格、数量和工作程序。

（6）注明特殊机构的动作过程。

（7）选用压铸机的型号。

（8）压室内径和比压或喷嘴直径。

2. 压铸模装配后应达到的技术要求

（1）分型面上的动、定模镶块平面应分别与 A、B 板齐平或略高，高出量小于 0.05mm。

（2）推杆复位后，应与动模型芯表面平齐或高出其表面，高出量≤0.1mm。

（3）复位杆复位后，应与分型面平齐或允许略低于分型面，低出量≤0.05mm。

（4）模具所有活动部件，应保证位置准确、动作可靠，不得有歪斜和卡滞现象。相对固定的零件之间不允许窜动。

（5）侧滑块运动应平稳，合模后侧滑块与楔紧块均匀接触并且压紧，两者实际接触面积≥0.75mm² 设计接触面积，开模抽芯结束后，定位准确可靠，抽出的型芯端面与铸件上相应孔的端面距离≥2mm。

（6）合模后动、定模分型面应紧密贴合，局部间隙小于 0.05mm（排气槽除外）。

（7）浇道转接处应光滑连接，镶拼处应密封，未注脱模斜度≥5°，表面粗糙度 $R_a \leqslant 0.4\mu m$。

（8）分型面上所有工艺孔、螺钉孔都应堵塞，并与分型面平齐。

（9）模具冷却水通道应畅通，不得有渗漏现象。进出水口应有明显标记。

（10）模具分型面对动、定模板安装平面的平行度有一定要求，见表 2-13-3。

表 2-13-3　模具分型面对动、定模板安装平面的平行度要求

被测面最大直线长度/mm	≤160	>160～250	>250～400	>400～630	>630～1000	>1000～1600
公差值/mm	0.06	0.08	0.10	0.12	0.16	0.20

（11）导柱、导套对动、定模板安装平面的垂直度有一定要求，见表 2-13-4。

表 2-13-4　导柱、导套对动、定模板安装平面的垂直度要求

导柱、导套有效长度/mm	≤40	>40～63	>63～100	>100～160	>160～250
公差值/mm	0.015	0.020	0.025	0.030	0.040

3. 压铸模结构零件径向配合公差

压铸模结构零件径向配合公差见表 2-13-5 和表 2-13-6。

表 2-13-5   压铸模结构零件径向配合公差

配合零件		配合公差带
零件之间 固定不动	镶块与套板、型芯与镶块、浇口套和模板、分流锥和镶块 等配合	H7/h6（圆形） H8/h7（异形）
	直导套、斜导柱、楔紧块、销钉、限位钉和模板的配合	H7/m6
	导柱与模板、台阶导套和模板、推板导柱和模板、推板导 套和推板的配合	H7/k6

表 2-13-6   零件之间相互滑动的径向配合公差带

配合零件		配合公差带
① 推杆、推管和镶块配合； ② 侧型芯和镶块配合； ③ 型芯、分流锥和推件板配合； ④ 型芯和推管的配合	镁、铝合金	H7/e7
	铜合金	H7/e8
	镁、铝合金	H7/e8～H7/d8
	铜合金	H7/d8～H7/c8
① 动、定模导柱、导套之间配合； ② 离型腔远的滑块与模板配合； ③ 复位杆与模板（镶块）的配合	镁、铝合金	H7/e7～H7/e8
	铜合金	H7/e8-H7/d8
推板导柱、导套之间配合；滑块定位销与孔		H8/d8

4. 压铸模结构零件表面粗糙度

查项目一任务十四表 1-14-7。

🐚任务实施

1. 壳体脱模力 F_t 的计算

由 $F_t \geqslant K \times p \times A(\mu\cos\alpha - \sin\alpha)$ 知，p 为挤压应力，铝合金取（10～12）MPa；μ＝0.15，α＝1°。

由铸件平面图 2-1-1 可知，压铸件包紧型芯的侧面积 A＝$\pi \times D \times H$＝3.1415×48×16＝2412.672mm^2。

各参数代入公式有 $F_t \geqslant 1.2 \times 10 \times 2412.672 \times (0.15 \times \cos 1° - \sin 1°)$＝3836.86（N）。

2. 壳体压铸模推杆直径和数量

据公式 $n = F_t/A \times [\sigma]$ 知，铝合金压铸件许用应力 $[\sigma]$＝50MPa，取推杆直径 d＝$\phi 9$，则推杆截面积为 $A = \pi \times d^2/4$，推杆数量 n＝3836.86×4/50×π×92＝21195.92/12 723.08＝1.66，取 n＝2。

3. 壳体压铸模推杆配合长度及配合公差带

（1）由于推杆直径 d＞5，查表，推杆配合长度 $3 \times d$＝3×9＝27。

（2）由于推杆截面为圆形，且压铸件为铝合金，取推杆与推杆孔的配合公差带为 H7/e8。

4. 壳体压铸模推杆的稳定性校核

壳体压铸模推杆的稳定性按下式校核：

$$K_稳 = \eta \times E \times J / F_推' \times L^2$$

（1）稳定系数 $\eta = 20.19$。

（2）弹性模塑 $E = 2 \times 10^7$。

（3）由于有 2 根推杆，故单根推杆承受的推力的 F_t' 为总推力的 1/2，由前面计算的 $F_t = 3836.86(N)$，则 $F_t' = 3836.86/2 = 1918.4(N)$。

（4）由模具结构图知，推杆长度：$L = 181.64mm = 18.164cm$。

（5）圆截面抗弯截面矩：$J = \pi \times d^4/64 = \pi \times 9^4/64 = 322.052mm^4 = 0.0322cm^4$。

将以上数字代入公式：

$$K_稳 = 20.19 \times 2 \times 10^7 \times 0.0322/1918.4 \times 18.164^2 = 130.04 \times 10^5/6.328 \times 10^5$$

得 $K_稳 = 20.55 > 1.5 \sim 3$，满足要求。

5. 壳体压铸模顶出行程 S

$S \geq$ 型芯高度 $+10 = 16+10 = 26$。

6. 绘制壳体压铸模装配图和零件图

将前面各任务计算所得，绘制壳体压铸模装配图如图 2-13-1 所示，零件图如图 2-13-2～图 2-13-8 所示。

知识拓展

压铸模装配、安装质量检测卡样式见表 2-13-7。

表 2-13-7 压铸模装配、安装质量检测卡

压铸模装配、安装质量检测卡		模具代号	模具名称	零件数量
文件编号		执行人员		
项 目	细 项	要 求	检 测 值	结 论
压铸件质量	产品尺寸			
	产品外观			
编制	编制时间	验收	验收时间	批准	批准时间

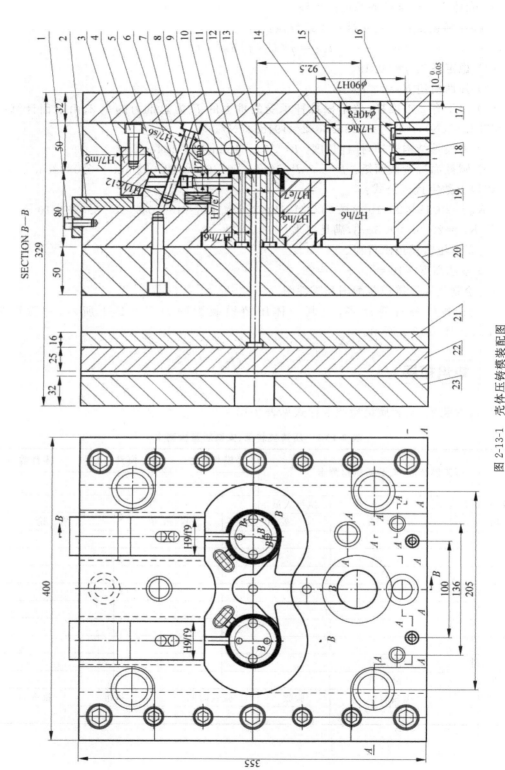

图 2-13-1　壳体压铸模装配图

1—螺钉；2—限位块；3—楔紧块；4—螺钉；5—滑块；6—斜导柱；7—丝堵；8—矩形弹簧；9—侧型芯；10—动模镶仁；11—小型芯；
12—推杆；13—大型芯；14—浇口套；15—分流器；16—铜管；17—面板；18—A板；19—B板；20—托板；21—推杆固定板；22—推板；23—底板

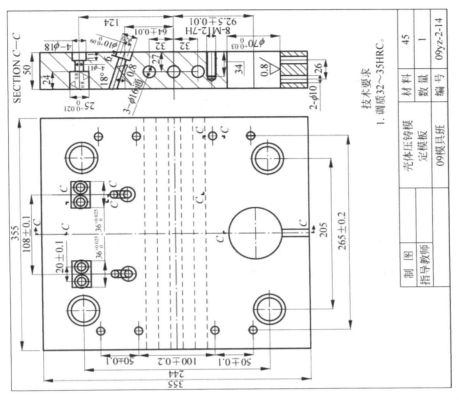

技术要求

1. 调质32~35HRC。

壳体压铸模		材　料	45
定模板		数　量	1
09模具班		编　号	09yz-2-14
制　图			
指导教师			

图 2-13-3　壳体压铸模定模板

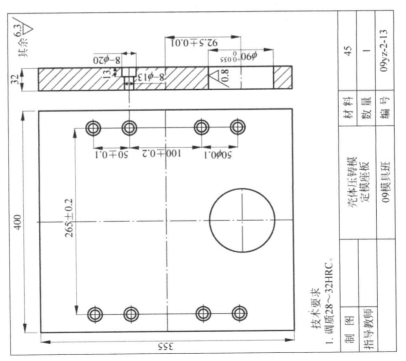

其余 6.3

技术要求

1. 调质28~32HRC。

壳体压铸模		材　料	45
定模座板		数　量	1
09模具班		编　号	09yz-2-13
制　图			
指导教师			

图 2-13-2　壳体压铸模定模座板

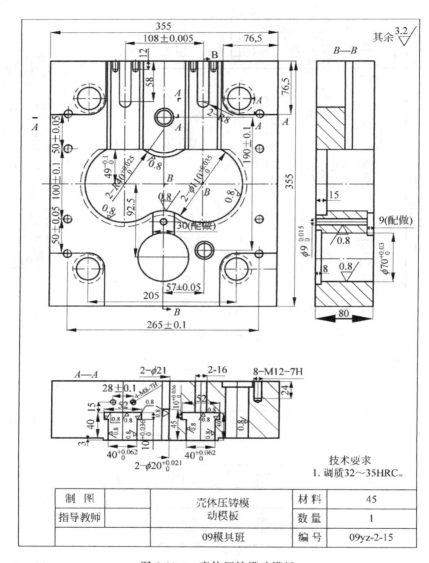

图 2-13-4 壳体压铸模动模板

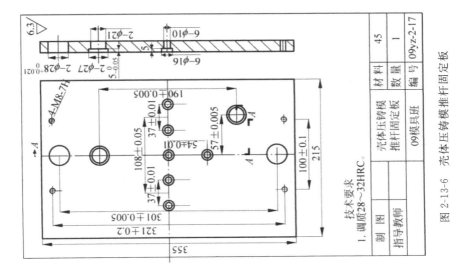

图 2-13-6　壳体压铸模推杆固定板

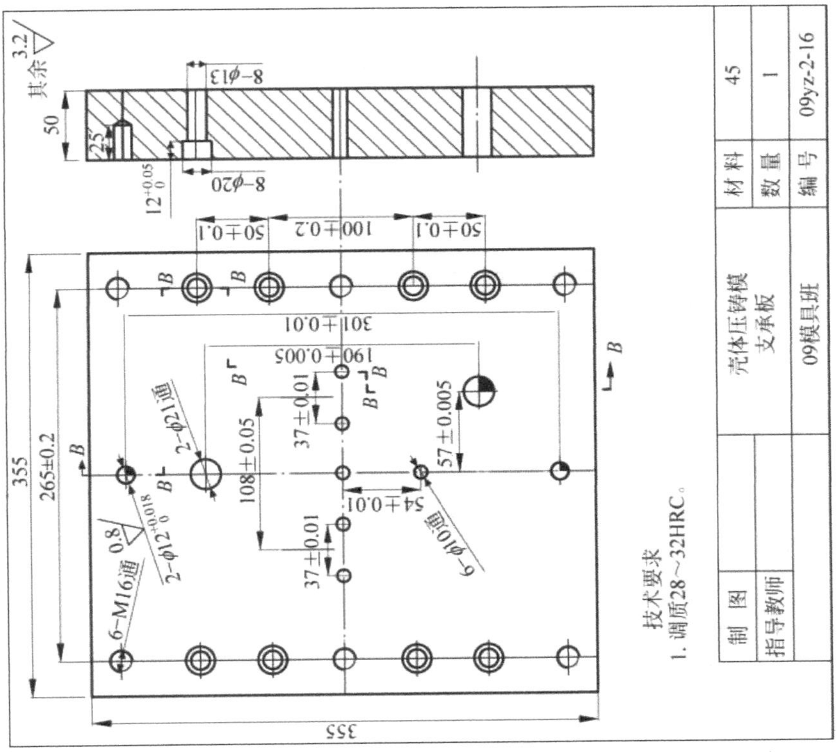

图 2-13-5　壳体压铸模支承板

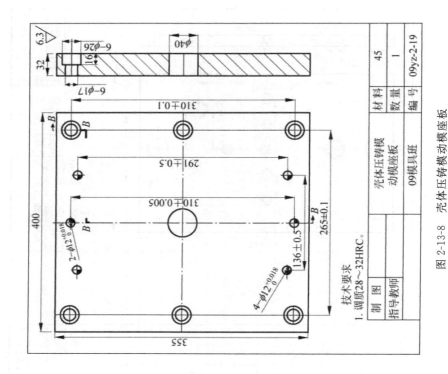

图 2-13-8　壳体压铸模动模座板

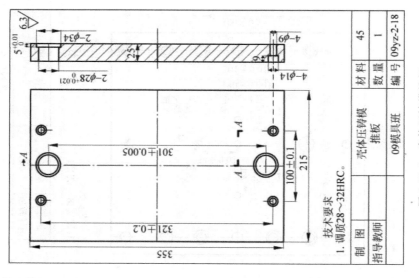

图 2-13-7　壳体压铸模推板

思考题

1. 铝合金许用应力为多少？铝合金压铸模推杆设计步骤有哪些？
2. 分别简述铝合金压铸模推杆、推管固定部分及工作部分的配合情况。
3. 在设计计算推杆直径与数量时，应注意哪些问题？
4. 为什么要设计推出机构导向机构？

项目三

整流罩镁合金立式
冷压室压铸机压铸模设计

任务一　整流罩材料选择、成型设备及工艺、模具结构

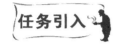

图 3-1-1 为整流罩三维图，图 3-1-2 为整流罩平面图，完成整流罩压铸合金材料选择。

图 3-1-1　整流罩三维图

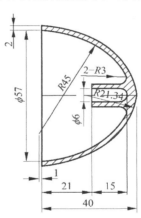

图 3-1-2　整流罩平面图

任务操作流程

1. 根据铸件使用性能选择合金种类。
2. 查表确定铸件工艺结构。

教学目标

※ 能力目标

能够根据压铸件图纸，选择压铸件材料，设计压铸件工艺流程及工艺参数。

※知识目标

掌握压铸件材料选择步骤及图纸设计内容。

一、镁合金的特点

镁合金是最轻的金属结构材料,纯镁密度为 $1.74g/cm^3$,镁合金密度为 $1.75\sim$ $1.90g/cm^3$,熔点为 651℃左右,故它有很高的比强度,在铸造材料中仅次于铸钛合金和高强度结构钢。

1. 镁合金优点

镁合金比强度和比刚度高;导热导电性能好;电磁屏蔽能力强;良好的压铸成型性能、阻尼性能、减振性能及切削加工性能;回收利用率高;被誉为"21世纪的绿色工程材料"。

(1)质轻,其密度是铝的 2/3、钢的 1/4,比强度和比刚度高。

(2)具有优良的阻尼减振性能,疲劳强度比铝合金高。

(3)受冲击载荷时,所吸收的能量比铝合金大一半以上。

(4)具有熔点低、凝固快、凝固收缩小、不腐蚀钢质模具等特点。

(5)易于回收和切削加工。

(6)具有良好的电磁屏蔽性能、导热导电性能。

(7)镁合金具有优良的脱模性能,在压铸时,与铁的亲和力小,即使采用较小的出模斜度也不会出现黏模现象。

2. 镁合金的缺点

(1)镁与氧的化学亲和力很大,且表面生成的氧化镁膜是不致密的,故氧化剧烈很易燃烧,因此镁的熔炼和铸造均需采用专门的防护措施。

(2)铸镁合金的结晶温度间隔一般都比较大,组织中的共晶体量也较少,体收缩和线收缩均较大,镁合金压铸时,易产生缩松和热裂。

(3)镁的标准电极电位较低,其表面形成的氧化膜是不致密的,因而抗蚀性较低,故镁铸件常需进行表面氧化处理和涂漆保护。

二、压铸镁合金化学成分

压铸镁合金化学成分见表 3-1-1。

表 3-1-1　压铸镁合金化学成分

合金牌号	合金代号	化学成分质量分数/%								
		主要成分				杂质含量≤				
		Al	Zn	Mn	Mg	Fe	Cu	Si	Ni	总和
YZMgAlZn	YM5	7.5~9	0.2~0.8	0.15~0.5	其余	0.08	0.1	0.25	0.01	0.5

三、压铸镁合金力学性能及应用范围

压铸镁合金力学性能及应用范围见表 3-1-2。

表 3-1-2 压铸镁合金力学性能及应用范围

合金牌号	合金代号	力学性能≥			应用范围
		抗拉强度 σ_b/MPa	伸长率 δ /%(L_0=50)	布氏硬度 HBS	
YZMgAlZn	YM5	200	1	65	受强烈颠簸及振动载荷的要求强度高、质量轻的铸件

四、镁合金的应用

镁合金的常见应用如图 3-1-3 和图 3-1-4 所示。

图 3-1-3 镁合金在道路交通工具上的应用

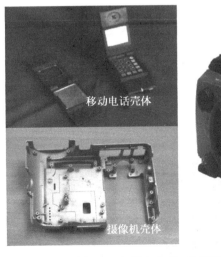

图 3-1-4 镁合金在 3C 产品和手动工具上的应用

五、镁合金的熔炼

1. 镁合金的熔炼工艺过程

（1）洗涤剂的准备：在熔炉边另设一坩埚炉，将熔剂融化并加热到 760～800℃，将熔炼工具在坩埚中洗涤干净，再加热到暗红色待用。坩埚中熔剂每工作班需清理 1～2 次，去除其中脏物，并视洗涤剂在坩埚中的消耗量和洗涤能力强弱定期更换。

（2）加热和熔化：将坩埚加热到 400～450℃撒上占炉料重 0.1%～5% 的熔剂，加入预热的镁锭、中间合金和锅炉料，炉料全部熔化后，在温度为 690～720℃ 时，加入锌锭，每次加料后需在金属液面暴露部分添加新熔剂。

（3）精炼：将金属液加热到 700～730℃，用搅拌勺上下搅拌并向金属液面均匀不断地撒上熔剂（消耗量为炉料质量的 0.8%～1%）5～8min，直到金属液呈镜面光泽为止，除去金属液表面的熔渣或熔剂，并撒上一层新熔剂，然后，升温到 780℃，在此温度下，将金属液静置 15min 以上，然后，转保温炉待用。若在熔炼过程中有燃烧现象，应立即撒上新熔剂，停 2～3min 后进行压铸，以免将夹杂带入铸件，影响铸件质量。

2. 镁合金的熔炼设备金属坩埚

镁合金的熔炼设备采用金属坩埚。

（1）预热及装料设备。

（2）熔炼炉如图 3-1-5 和半连铸系统如图 3-1-6 所示。

图 3-1-5　SL 系列压铸镁合金熔化浇注炉

图 3-1-6　自行研发的半连铸系统

（3）保护性气体混合装置。

采用电阻加热（加热元件以并联方式接入效果好），少数用燃气加热，燃气加热比较经济，但燃气中的水汽凝结有和镁液发生反应的危险。

3. 镁合金液熔炼过程中阻燃方法

（1）熔剂保护法（产生有害气体污染环境）：以无水光卤石（$MgCl_2$—KCl）为主，添加一些氟化物、氯化物组成。该剂使用较方便，生产成本低，保护使用效果好，适用于中小企业。

（2）气体保护法（Ar_2效果较好）：气体保护法是在镁合金液的表面覆盖一层 SF_6、SO_2、CO_2、Ar_2、N_2 等惰性气体。

（3）合金化法：在镁合金 AZ91D 中加入稀土铈可有效提高镁合金的起燃温度。

4. 镁合金熔体的变质处理

镁合金熔体的变质处理的目的是改变镁合金的组织形态。

（1）对于不含 Al 的镁合金，采用锆进行变质处理具有很好的晶粒细化效果。

（2）在 Mg-Al 类合金中加入合适的碳素材料，使其与合金液起化学反应生成 AlC_4，该化合物可以起到外来晶核的作用，促使镁合金的晶粒细化。

（3）在 AZ91 镁合金中加混合稀土，提高金属液铸态和固溶时效的组织及性能。

任务实施

整流罩材料选择及其图纸设计

1. 材料选择：该零件用于减少飞机气流阻力控制其气流方向，要求比强度大，选择镁合金（YZMgAl9Zn）做其材料。

2. 整流罩结构工艺性设计

（1）壁厚：查结合镁合金（YZMgAl9Zn）及铸件面积，查得最小壁厚为 1.8mm。正常壁厚 3mm，选 2mm。

（2）孔径：查表得，镁合金经济上合理的最小孔径为 2.0mm，孔深为 $d>5$mm 时应小于 $5d$，根据整流罩作用和规格，客户要求整流罩内孔 $2.25''$（$\phi57$），这样，安装电机轴用孔径 $d=6$，孔深为 15mm，符合压铸允许孔径和孔深要求。

（3）脱模斜度：镁合金选最小斜度为 1°，现满足要求。

（4）交叉连接处圆弧半径 R：满足要求。

（5）各尺寸公差（空间对角线为 69）。

查表有，选择 I 级精度。

① 外形尺寸：$\phi57$ 公差为 0.23mm，长度尺寸 40 公差为 0.2mm，

② 内形尺寸：尺寸 $R45$ 公差为 0.2mm，尺寸 $\phi6$ 公差为 0.14mm，尺寸 15 公差为 0.14mm，尺寸 21 公差为 0.17mm。

思考题

1. 压铸镁合金＿＿＿＿＿＿＿＿粘模，但由于其与氧化学亲和力大，易生成组织细密的

_____,且放出大量热氧化镁散热速度小,放压铸镁合金生产中易出现危险的_____现象。需要在_____气体中成型;常用惰性气体有_____;_____;_____;_____;_____。

2. 镁合金密度小,但其比强度和_____高;其常用熔炼设备为_____。

任务二 整流罩压铸成型工艺卡编制及压铸模结构设计

任务引入

根据图 3-1-1 和图 3-1-2 所示的整流罩三维图和平面图,完成压铸成型工艺设计及压铸机选择。

任务操作流程

1. 根据铸件合金种类及结构选择成型工艺参数。
2. 计算锁模力,初选压铸机。
3. 校核所选压铸机容量。
4. 能够根据所选压铸机,确定压铸模结构。
5. 根据铸件浇口,确定压铸机类型。
6. 根据压铸机种类确定压铸模结构。

教学目标

※ 能力目标
1. 能够根据压铸件图纸,选择压铸件压铸成型工艺参数。
2. 能够根据压铸件图纸,选择压铸机。
※ 知识目标
1. 熟悉压铸成型工艺参数及立式压铸机型号含义及座板联系图。
2. 熟悉立式压铸机压铸模结构。

相关知识

一、镁合金压铸成型设备

立式冷压室压铸机外形图如图 3-2-1 所示 ,立式冷压室压铸机结构图如图 3-2-2 所示。

图 3-2-1　立式冷压室压铸机外形图

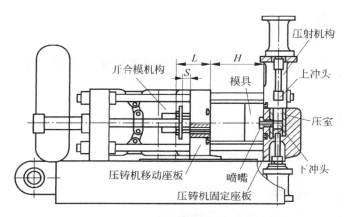

图 3-2-2　立式冷压室压铸机结构图

二、立式冷压室压铸机压铸过程

立式冷压室压铸机压铸过程如图 3-2-3 所示。

立式冷压室压铸机压铸过程如下：

（1）模具动、定模合模，下冲头上移，堵住进料口，在压室上方加入金属液。

（2）上冲头下移，推动金属液及下冲头下移，将金属液挤入喷嘴小孔，从而进入模具型腔，当下冲头下到极限位置时，上冲头的下移运动停止。这时，下冲头推动上、下冲头之间的余料及上冲头一起做向上运动，将余料推出压室之外。接着回到原来的位置。同时，模具动、定模打开，压铸机推杆推动压铸模推板，从而推出铸件。

三、立式冷压室压铸机特点

（1）金属液注入直立的压室中，有利于防止杂质进入型腔。

（2）适宜于中心浇口进料的压铸件。

（3）压射机构直立，占地面积小。

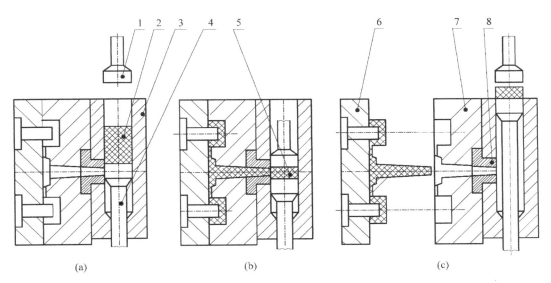

图 3-2-3　立式冷压室压铸机压铸过程

1—上冲头；2—金属液；3—压铸机压室；4—下冲头；

5—余料；6—动模板；7—定模板；8—压铸机喷嘴

（4）金属液进入型腔时经过转折，消耗部分压射压力。

（5）余料未切断前不能开模，生产率低，金属消耗量大。

（6）增加一套切断余料机构，压铸机结构复杂，维修不便。

四、立式冷压室压铸机型号含义

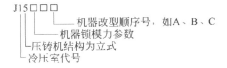

五、立式冷压室压铸机与卧式冷压室压铸机优缺点

立式冷压室压铸机与卧式冷压室压铸机优缺点见表 3-2-1。

表 3-2-1　立式冷压室压铸机与卧式冷压室压铸机优缺点

比较特征	立　式		卧　式	
	优　点	缺　点	优　点	缺　点
结构及使用方面	机器占地面积较小	切断、顶出余料的机构使机器结构复杂化，并增加了机器的故障和维修的困难；压室和反料冲头的冷却条件差	压室结构简单，使用中故障少；由于压射机构的特性，产生的事故少，且可以使用较高的比压	压射冲头经常与热金属接触，膨胀严重，压室内部磨损较大

续表

比较 特征	立　式		卧　式	
	优　点	缺　点	优　点	缺　点
工 艺 及 经 济 方 面	压射前,金属液不会流入型腔中;压射时压室内的空气不会随金属进入型腔;便于压铸具有中心浇口的零件;便于向压室内浇注半凝固状态的金属	金属液转 90°进入浇道,压力损失大;由于增加了切断和顶出余料的操作,反料冲头未截断浇口余料前不能开模;机器的生产效率低;由于浇口长,金属消耗量较大,并且液体流动性下降较多	由于浇口短,拐弯少,金属流动性损失少,填充时作用在金属上的比压及热量损失都比较小,压铸件的致密性较好;开模时压射冲头便把余料顶出,不另增加顶出余料的时间消耗,生产率高	压室内金属与空气接触产生氧化的表面较大,氧化渣有可能会进入型腔;必须使用专门的切断余料的机构或复杂模具,才能压铸具有中心浇口的铸件

六、部分国产立式冷压室压铸机座板联系图及技术参数

J1513 型立式冷压室压铸机座板联系图如图 3-2-4 所示,技术参数见表 3-2-2。

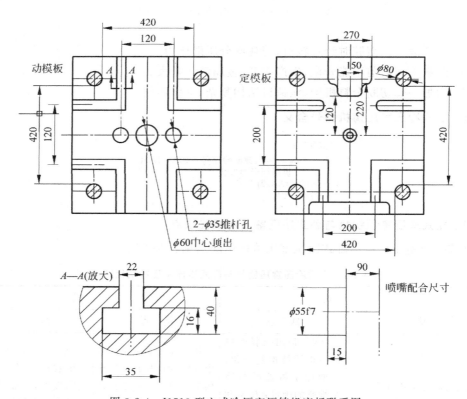

图 3-2-4　J1513 型立式冷压室压铸机座板联系图

表 3-2-2　J1513 型立式冷压室压铸机主要技术参数

名　　称	数　　值	
锁模力/kN	1250	
压射力/kN	135～340	
顶出力/kN	100	
模具允许的最大/最小厚度/mm	500/250	
拉杆内间距/(mm×mm)	420×420	
喷嘴孔直径/mm	$\phi14$、$\phi17$、$\phi20$	
顶出行程/mm	80	
合模行程/mm	350	
压室尺寸/mm	$\phi60$	$\phi80$
压室有效容积(铝)/kg	0.8	1.3

七、立式冷压室压铸机压铸模基本结构

立式冷压室压铸机压铸模基本结构如图 3-2-5 所示。

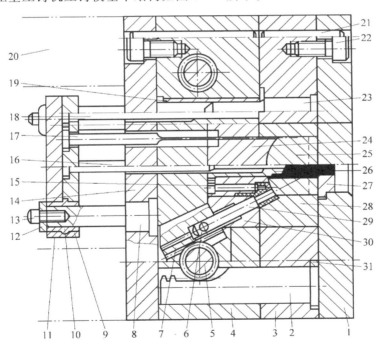

图 3-2-5　立式冷压室压铸机压铸模基本结构图

1—面板；2—传动齿条；3—A 板；4—B 板；5—齿轴；6、21—销；
7—齿条滑块；8—推板导柱；9—推杆固定板；10—推板导套；11—推板；12—限位垫圈；
13、22—螺钉；14—支承板；15—型芯；16—中心推杆；17—成型推杆；18—复位杆；
19—导套；20—通用模座；23—导柱；24、30—动模滑块；25、26—分流锥；
27—浇口套；28—定模模仁；29—活动型芯；31—止转块

八、立式冷压室压铸机压铸模结构特点

（1）一般采用中心浇口。

（2）压铸模定模座板设沉孔与压铸机喷嘴配合，主流道一部分在浇口套，另一部分在定模板镶块中，无横浇道。

任务实施

整流罩压铸成型工艺卡编制及压铸模结构设计

一、整流罩压铸成型工艺卡编制

1. 工艺参数选择

根据压铸件图中的原材料（YZMgAl9Zn）及铸件图 3-1-2 分析，铸件结构形状简单，壁厚均匀，为 2mm。

（1）压射比压：查表知，铸件结构简单且铸件壁厚小于 3mm，故耐压压铸件压射比压 $p = 80 \sim 100\text{MPa}$。

（2）充模速度：查表知，$V = 40 \sim 90\text{m/s}$。

（3）合金浇铸温度：查表知，铸件结构简单，平均壁厚≤3mm，镁合金材料，故合金浇铸温度为 $640 \sim 680℃$。

（4）模具预热温度：查表知，铸件结构简单，平均壁厚≤3mm，选 $150 \sim 180℃$。

（5）模具工作温度：查表知，铸件结构简单，平均壁厚≤3mm，选 $180 \sim 240℃$。

（6）持压时间：查表知，持压时间为 $1 \sim 2\text{s}$。

（7）开模时间：查表知，开模时间 $7 \sim 12\text{s}$。

2. 压铸涂料和润滑油

模具成型面上，选稀释比例为 3∶97 的聚乙烯煤油作涂料，压射冲头及压室用润滑油选 DYF-1 型水基涂料。

3. 压铸机的选择

（1）压铸件为对称零件，无侧抽芯，故无分胀型力，只有主胀型力，选压铸件左端面做分型面，假设一模一腔，在 AutoCAD 软件中查得铸件在分型面上投影面积为：$A = 5026.55\text{mm}^2$，计入浇注系统及排气槽，铸件及浇注系统分型面上总投影面积为 $A_{总} = 6534.5\text{mm}^2$。

（2）据前面查到的工艺参数，压射比压 $p = 80 \sim 100\text{MPa}$，选 80MPa，即 80N/mm^2。

（3）主胀型力的计算

$$F_{主} = A \times p = 6534.5 \times 80 = 522760.2\text{N} = 522.76\text{kN}$$

（4）锁模力的计算

$$F_{锁} = K \times F_{主} = 1.25 \times 522.76 = 653.5\text{kN}$$

（5）压铸机压铸容量校核：由于铸件为镁合金，选冷压室压铸机，模具采用中心浇口，选立式冷压室压铸机，初选合模力为 1250kN，J1513 型压铸机，选压室直径为 $\phi65$。所选 J1513 压铸机座板联系图如图 3-2-6 所示，其主要技术参数见表 3-2-3。

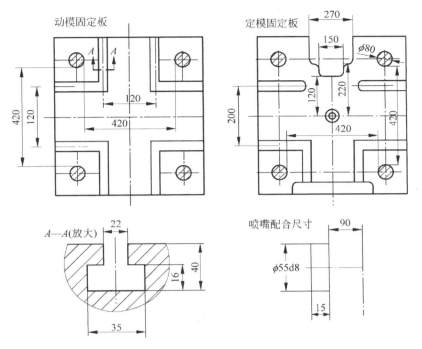

图 3-2-6 J1513 立式冷压室压铸机座板联系图

表 3-2-3 J1513 型立式冷压室压铸机主要技术参数

名　　称	数　　值	
锁模力/kN	1250	
顶出力/kN	100	
压射比压/MPa	27~100	
拉杆内间距/(mm×mm)	420×420	
合模行程/mm	350	
模具最大/最小厚度/mm	500/250	
顶出行程/mm	100	
压射位置/mm	0	
压室尺寸/mm	$\phi65$	$\phi80$
铸件最大重量(镁)/kg	0.8	

① 压铸件浇注时,每次浇注所需合金总质量 $G_{总}$

$$G_{总} = G_{压铸件} + G_{浇注}$$

在 UG 软件中查到, $V_{压铸件} = 1.4 \times 10^{-5} \text{m}^3$ 。

$$G_{压铸件} = \rho \times V_{压铸件} = 1.67 \times 10^3 \times 1.4 \times 10^{-5} = 0.0234 \text{kg}$$

$$估算 G_{浇注} = 0.3 G_{压铸件} = 0.3 \times 0.0234 = 0.007 \text{kg}$$

$$G_{总} = G_{压铸件} + G_{浇注} = 0.023 + 0.007 = 0.03 \text{kg}$$

② 压铸机压室容量 $G_室$ 与浇注所需合金总质量 $G_总$ 比较

$$G_室 > G_总$$

$$0.8kg > 0.03kg$$

4. 填写整流罩压铸成型工艺卡

将以上所选整流罩工艺参数及所选压铸机填入表 3-2-4 的整流罩压铸成型工艺卡中相应位置。

二、整流罩压铸模结构设计

由于铸件采用镁合金，中心浇口，需用立式压铸机成型，其压铸模结构应采用立式压铸机压铸模结构。

整流罩压铸模结构如图 3-2-7 所示。

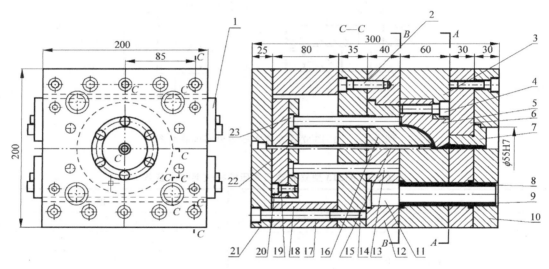

图 3-2-7　整流罩压铸模结构图

1—定距拉板；2—螺钉；3—A 板；4—螺钉；5—定模模仁；6—中间板；7—浇口套；8—导套Ⅰ；
9—导套Ⅱ；10—面板；11—导柱；12—B 板；13—复位杆；14—托板；15—推管型芯；16—大型芯；
17—垫高块；18—推杆固定板；19—推板；20—螺钉；21底板；22—推管；23—推杆

知识拓展

压铸模使用前准备工作

（1）检查模具规格型号、产品种类、名称是否与工艺文件一致。

（2）检查压铸模与使用的压铸机是否匹配，开模距离、压射速度是否合适。

（3）检查型腔内、分型面是否清理干净和是否完好，各活动部分润滑情况，运动是否自由，排气系统、水冷系统是否通畅。

（4）应了解模具结构、动作原理和使用方法。

表 3-2-4　整流罩压铸成型工艺卡

××压铸厂　压铸工艺卡	产品名称	整流罩	工序名称	压铸	文件编号	02	总 1 页
	产品编号		工序编号	20	版本编号	01	第 1 页

压铸机型号	J1513
压铸模具编号/mm	φ65
料环号	001
压射(室)位置	0
每模件数	1
浇铸质量/kg	0.03
压铸件质量/kg	0.023
复位形式	YZMgA19Zn
原材料	聚乙烯煤油
涂料型号	
涂料稀释比例	3：97
空循环周期	

操作要点:

1. 每班开始时预热压铸模具,先试模,待试模、尺寸形状及表面质量符合要求后开始正常生产
2. 操作员必须 100% 进行压铸件表面质量自检,不允许存在大铸、裂纹、多肉、缺肉、污痕、拉伤、黏模、冷隔、气泡等
3. 注意在内浇口和易黏模处喷涂涂料
4. 注意喷涂型芯,取件时注意保护压铸件
5. φ44 孔不允许存在拉伤,其余孔拉伤深度应小于 0.3mm
6. 压铸件必须整齐码放在工位器具内,压铸件之间用纸板隔开

序号	控制项目	大小	生产设备	特性	检查方法	每次检查量	检验频率	控制方法	反应计划
1	压射压力(比压)/MPa	60~100	压铸机		压力计	100%	连续	工序控制表	
2	充填型腔时压射位置/mm	0			标尺	100%	连续	工序控制表	
3	充填型腔时压射速度/mm	42~52			手轮圈数	100%	连续	工序控制表	隔离、通知领班
4	金属液浇注温度/℃	640~680	模温机		温度表	100%	连续	工序控制表	
5	压铸模具温度/℃	0.022~0.026			自动显示	100%	连续	自动控制	
6	充型时间/s	7~12			手轮圈数	100%	连续	工序控制表	
7	留模时间/s				自动计时器	100%	连续	自动控制	
8	压射冲头润滑油/mm	DYF-1 水基涂料			手动涂刷	100%	连续	100%自检	
9	余料厚度/mm			20~50mm	目测或靠直尺	100%	连续	100%自检	
更改根据			编制			合签	审核		批准
更改标记									
更改日期									

图示尺寸:φ57,R45,2-R3,φ6,21,40,15,2

思考题

1. 镁合金有哪些特点？其优缺点有哪些？
2. 说明 J1513 型压铸机型号含义。
3. 镁合金熔炼特点有哪些？用什么熔炼设备？熔炼工艺主要有哪些？
4. 简述立式冷压室压铸机工作过程及其与卧式冷压室压铸机的比较。
5. 立式冷压室压铸机压铸模有哪些结构特点？

任务三 整流罩分型面、浇注系统及成型零件设计

任务引入

根据图 3-1-1 和图 3-1-2 所示的整流罩三维图和平面图,完成整流罩压铸模分型面确定、整流罩压铸模浇注系统设计、整流罩压铸模成形零件设计。

任务操作流程

1. 根据分型面设计原则,选择铸件分型面。
2. 根据所选压铸机和铸件图设计铸件浇注系统。
3. 成型零件结构设计。
4. 成型零件尺寸及偏差确定。
5. 成型零件强度校核。
6. 成型零件材料及热处理、粗糙度。
7. 绘制成型零件图。

教学目标

※能力目标
1. 能够根据压铸件图纸,正确选择压铸模分型面。
2. 能够根据压铸件图,设计立式冷压室压铸机压铸模浇注系统。
3. 能够根据压铸件图,设计压铸模成型零件。

※知识目标
1. 熟悉压铸模分型面方案的比较。
2. 熟悉立式冷压室压铸机压铸模浇注系统设计方法和步骤。
3. 掌握压铸模成型零件设计内容和方法。

相关知识

一、分型面的选择

分型面的选择介绍可参见项目一。

二、立式冷压室压铸机压铸模浇注系统组成

1. 立式冷压室压铸机压铸模浇注系统

立式冷压室压铸机压铸模浇注系统如图 3-3-1 所示。

2. 全立式冷压室压铸机压铸模浇注系统

全立式冷压室压铸机压铸模浇注系统如图 3-3-2 所示。

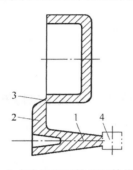

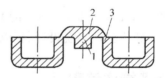

图 3-3-1　立式冷压室压铸机压铸模浇铸系统　　　图 3-3-2　全立式冷压室压铸机压铸模浇铸系统

1—直浇道；2—横浇道；3—内浇口；4—余料　　　　　1—直浇道；2—横浇道；3—内浇口

3. 立式冷压室压铸机压铸模浇注系统应用实例

立式冷压室压铸机压铸模浇注系统应用实例如图 3-3-3 和图 3-3-4 所示。

图 3-3-3　罩盖(中心浇口)　　　　　　　图 3-3-4　轮毂(中心浇口)

三、立式冷压室压铸机压铸模内浇口

1. 中心浇口

(1) 中心浇口布置形式如图 3-3-5 所示。

(2) 中心浇口特征：顶部带有通孔的筒类或壳体类压铸件，内浇道开设在孔口处，同时在中心设置分流锥。可缩短金属液在充型时的流程，并有利于较深型腔内的气体通过分型面排出，浇注系统金属液消耗少，可减少铸件、浇注系统和排气系统在分型面上的投影面积，减小铸型轮廓，提高压铸机合型力的有效利用率。

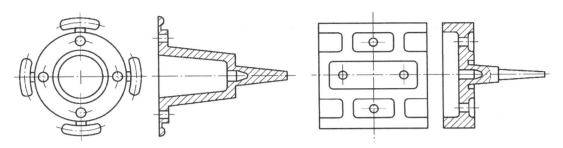

图 3-3-5　中心浇口布置形式

（3）中心浇口特点：当铸件的中心处有足够大通孔时，可在铸件中心设置分流锥和浇注系统。

① 金属液流程短。

② 不增加或很少增加铸件的投影面积。

③ 便于排除深腔内的气体。

④ 有利于模具热平衡。

⑤ 模具外形尺寸小。

⑥ 机器受力均衡。

2. 点浇点

（1）用途及布置形式：用于立式冷式压铸机或热压室压铸机。点浇口是顶浇口的一种特殊形式，一般用于结构对称、壁厚均匀且在 2.0～3.5mm 之间的罩壳类铸件，其布置形式如图 3-3-6 所示。

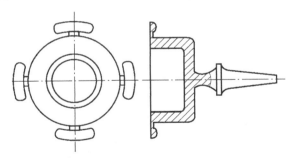

图 3-3-6　点浇口布置形式

（2）点浇口的结构如图 3-3-7 所示，点浇口尺寸见表 3-3-1。

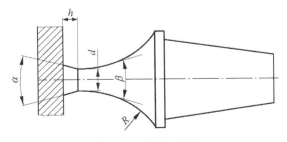

图 3-3-7　点浇口结构

表 3-3-1　点浇口尺寸

投影面积 S/cm^3		≤80	>80～150	>150～300	>300～500	>500～750	>750～1000
浇口直径 d/mm	简单件	2.8	3.0	3.2	3.5	4.0	5.0
	中等复杂件	3.0	3.2	3.5	4.0	5.0	6.5
	复杂件	3.2	3.5	4.0	5.0	6.0	7.5
浇口直径 d/mm		$d<4$		$d<6$		$d<8$	
浇口厚度 h/mm		3		4		5	
出口角 $\alpha°$		60～90					
进口角 $\beta°$		45～60					
圆弧半径 R/mm		30					

3. 立式冷压室压铸机压铸模浇口套设计要点

（1）浇口套一般镶在定模座板上,采用浇口套可以节省模具钢和便于加工。

（2）浇口套与喷嘴接触端面 A 与喷嘴尺寸相吻合,控制好配合间隙,不允许金属液窜入接合面;浇口套另一端面 B 与定模镶块相接,接触面上镶块孔比浇口套孔大 $1～2mm$,如图 3-3-8 所示。

（3）应固定牢固,拆装方便。

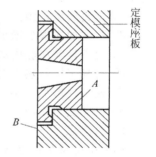

图 3-3-8　立式压铸机用浇口套安装图

四、立式冷室压铸机压铸模直浇道设计

1. 立式冷室压铸机模具直浇道结构

立式冷室压铸机模具直浇道结构（见图 3-3-9）由浇口套和压室组成,D 为压室直径。

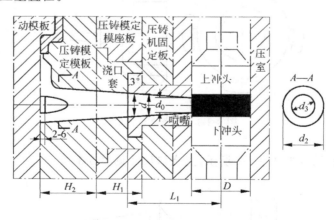

图 3-3-9　立式冷室压铸机模具直浇道结构图

2. 立式冷室压铸机压铸模常用浇口套形式及尺寸规格

（1）浇口套形式如图 3-3-10 所示。

（2）浇口套常用尺寸规格（见图 3-3-11 及表 3-3-2）。

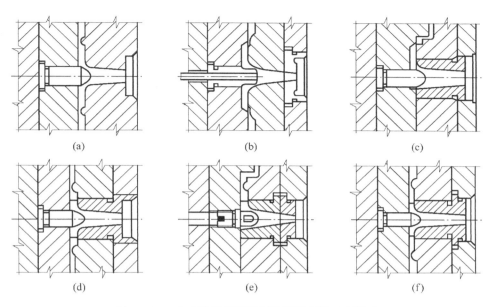

图 3-3-10　立式冷室压铸机压铸模常用浇口套形式

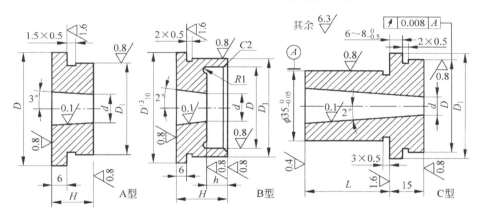

图 3-3-11　立式冷室压铸机压铸模常用浇口套常用尺寸

图 3-3-11 中 A 型直浇道部分在浇口套,部分在定模镶块,浇口套与喷嘴同轴度偏差大;B 型直浇道在浇口套上,浇口套与喷嘴同轴度偏差小,但要防转;C 型装拆不便,金属液流动顺畅,固定牢固可靠。

表 3-3-2　常用浇口套尺寸参数

浇口套类型	D	$D(\text{H8})$	$D(\text{h8})$	$D_1(\text{h8})$	D_1	$h(\text{H9})$	H	d	L
A 型	52			$45_{-0.039}^{0}$		—		按需要	—
	62			$55_{-0.046}^{0}$					
	92			$84_{-0.054}^{0}$					
B 型	—	$45_{0}^{+0.039}$		$55_{-0.046}^{0}$		$10_{0}^{+0.036}$	按需要		
		$55_{0}^{+0.046}$		$65_{-0.046}^{0}$		$15_{0}^{+0.043}$			

续表

浇口套类型	D	$D(H8)$	$D(h8)$	$D_1(h8)$	D_1	$h(H9)$	H	d	L
C 型	—	—	$45_{-0.039}^{0}$		50	—	—		按需要
			$55_{-0.046}^{0}$		60				

（3）立式冷室压铸机用直浇道设计要点。

① 根据铸件重量和合金种类，查表 3-3-3，确定喷嘴导入口直径 d_0 或取（1/8～1/5）压室直径。

表 3-3-3　喷嘴导入口直径 d_0 尺寸

喷嘴导入口直径 d_0/mm		7～8	9～10	11～12	13～16	17～19	21～22	23～25	27～28	29～30	30～31
锌合金	铸件重量/g	<100	100～250	200～350	350～700	700～1200	1000～2000	—	—	—	—
铝、镁合金		<50	50～120	100～200	180～350	320～700	600～1000	800～1500	1200～1600	1600～2000	2000～2500
铜合金		<100	100～250	200～350	300～350	650～1000	800～1500	—	—	—	—

② 处于浇口套部分直浇道的直径 $d=d_0+(1\sim2)$。

③ 喷嘴部分的出模斜度取 $1°30'$，浇口套的出模斜度取 $1°30'\sim3°$。

④ 分流锥处环形通道的截面积一般为喷嘴导入口的 1.2 倍左右，直浇道底部分流锥的直径 d_2 按下列公式计算

$$d_3{}^2 \geqslant d_2{}^2 - 1.2\,d_0{}^2$$
$$d_2 - d_3 \geqslant 6$$

⑤ 直浇道与横浇道要求圆滑过渡，其圆角半径为 5～20mm，以使金属液流动顺畅。

（4）分流锥结构形式及尺寸。

① 分流锥结构形式如图 3-3-12 所示。

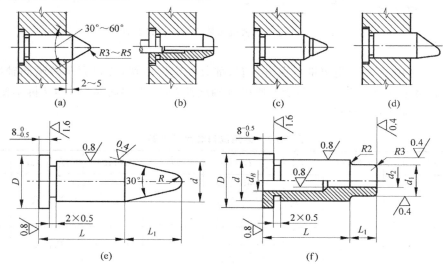

图 3-3-12　分流锥结构形式

② 常用分流锥尺寸见表 3-3-4。

表 3-3-4 常用分流锥尺寸

	d(h8)	D	L_1	R	L		d(h8)	d_1	d(H8)	d_3	D	L_1	L
图 3-3-12 (e)各尺寸	$10^{\ 0}_{-0.022}$	14	11	3	按模具尺寸	图 3-3-12 (f)各尺寸	$16^{\ 0}_{-0.027}$	—	—	—	—	—	按模具尺寸
	$12^{\ 0}_{-0.027}$	16	13	3			$20^{\ 0}_{-0.033}$	—	—	—	—	—	
	$14^{\ 0}_{-0.027}$	18	16	3.5			$16^{\ 0}_{-0.027}$	13	$6^{+0.018}_{\ 0}$	10.5	20	10	
	$16^{\ 0}_{-0.027}$	20	19	4			$20^{\ 0}_{-0.033}$	15	$8^{+0.022}_{\ 0}$	13	25	10	
	$20^{\ 0}_{-0.033}$	24	23	5			$25^{\ 0}_{-0.033}$	20	$10^{+0.022}_{\ 0}$	13	30	15	
	$25^{\ 0}_{-0.033}$	30	28	6			$32^{\ 0}_{-0.039}$	26	$12^{+0.027}_{\ 0}$	15	38	15	
	$32^{\ 0}_{-0.039}$	37	34	8									

（5）立式冷压室压铸机压铸模直浇道设计步骤

① 根据压铸件重量和合金种类，查喷嘴导入口直径 d_0。

② 根据压铸机座板联系图知，喷嘴长度＝压室中心到喷嘴端面的距离－压室直径 $D/2$。

③ 计算浇口套小端直径 $d=d_0+(1\sim2)$，喷嘴部分锥面锥角为 $3°$，浇口套锥孔 $4°\sim6°$，浇口套中锥面长度按定模座板厚度来定。

④ 型腔深度、在分流锥处的分流锥直径和浇口套内孔直径可按公式算出。

五、立式冷压室压铸机压铸模成型零件设计

1. 立式冷压室压铸机压铸模成型零件布置形式

立式冷压室压铸机压铸模成型零件型腔镶块布置如图 3-3-13 所示。

图 3-3-13（a）为一模两腔，两侧抽芯，矩形镶块的镶拼形式。

图 3-3-13（b）为一模两腔，四侧抽芯，矩形镶块的镶拼形式，模具由 2 个型腔镶块组成。每个压铸件有 3 个方向需要侧抽芯。

图 3-3-13（c）为一模四腔，八侧抽芯，矩形镶块（设置浇道镶块）的镶拼形式，模具由 4 个型腔镶块组成。每个压铸件有 2 个成直角方向的侧抽芯。

图 3-3-13（d）为一模四腔，圆形镶块（设置浇道镶块）的镶拼形式。模具由 4 个圆形型腔镶块和一个浇道镶块组成。

图 3-3-13（e）为一模四腔，异形镶块（设置浇道镶块）的镶拼形式。

图 3-3-13（f）为一模八腔，由 4 个纵向布置的型腔镶块组成，每个镶块上开设 2 个简单矩形型腔的镶拼形式。

2. 成型零件工作尺寸计算公式

（1）型腔类尺寸计算公式

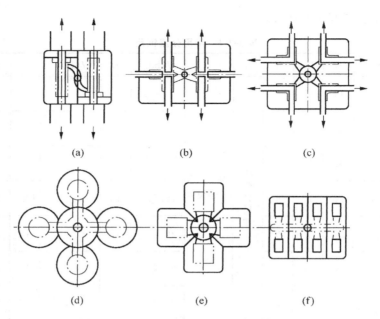

图 3-3-13　立式冷压室压铸机压铸模型腔镶块布置形式

$$D^{+\delta}_0 = \left[D_z(1+\varphi) - 0.7\Delta \right]^{+\delta}_0$$
$$H^{+\delta}_0 = \left[H_z(1+\varphi) - 0.7\Delta \right]^{+\delta}_0$$

（2）型芯类尺寸计算公式

$$d^{0}_{-\delta} = \left[d_z(1+\varphi) + 0.7\Delta \right]^{0}_{-\delta}$$
$$h^{0}_{-\delta} = \left[h_z(1+\varphi) + 0.7\Delta \right]^{0}_{-\delta}$$

铸件精度为 IT11～12 时，$\delta = \Delta/5$；

铸件精度为 IT13～15 时，$\delta = \Delta/4$。

一般成型零件尺寸计算用华中科技大学开发的 UG 三维压铸工艺设计软件自动完成，偏差则需要计算确定。

任务实施

一、整流罩压铸模分型面确定

从分型面选择原则知，应选在铸件最大轮廓处（$\phi57$ 左端面）。

二、整流罩压铸模浇注系统设计

1. 整流罩压铸模内浇口设计

（1）铸件高度不大、顶部无孔、结构对称、壁厚均匀且在 2.0～3.5mm 之间的罩壳类，内浇口形式为点浇口。

（2）点浇口尺寸

① 铸件在轴线方向的投影面积

$$F = \pi \times \left[(57/2)^2 - (53/2)^2 \right] = 346\text{mm}^2 = 3.46\text{cm}^2$$

② 根据投影面积 F 及铸件结构(简单件),查点浇口尺寸表得:

浇口直径 $d=2.8mm$,浇口厚度 $h=3mm$;

出口角 $\alpha=60°\sim90°$;

进口角 $\beta=45°\sim60°$;

弧度半径 $R=30$。

(3) 整流罩压铸模点浇口尺寸如图 3-3-14 所示。

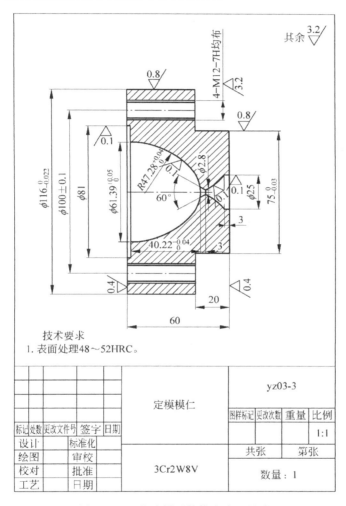

图 3-3-14 整流罩压铸模点浇口尺寸

2. **整流罩压铸模横浇道设计**

点浇口与直浇道直接相连,不用设计横浇道。

3. **整流罩压铸模直浇道的设计**

(1) 确定喷嘴导入口小端直径 d_0:

查得喷嘴导入口小端直径 $d_0=14mm$。

（2）确定喷嘴大端直径

① J1513 型立式冷压室压铸机座板联系如图 3-3-15 所示,可确定与压铸机喷嘴连接处的模具定模座板孔径为 $\phi55H7$,沉孔深大于压铸机喷嘴凸台长 15mm,取 16 mm。

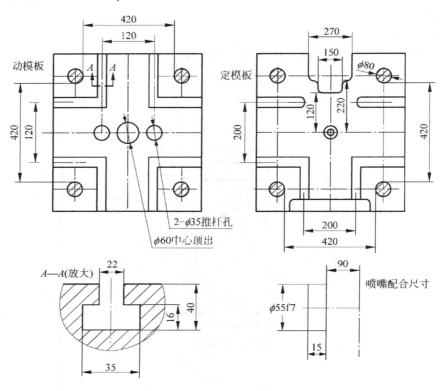

图 3-3-15　J1513 型立式冷压室压铸机座板联系

② J1513 压铸机主要技术参数见表 3-3-5,喷嘴大端端面到压室中心长为 $90+15＝105$mm,选压室尺寸 $\phi65$,喷嘴长$＝105-65/2＝72.5$mm,喷嘴段直浇道锥角为 $3°$。

表 3-3-5　J1513 压铸机主要技术参数

名　称	数　值	
锁模力/kN	1250	
顶出力/kN	100	
压射比压/MPa	27~100	
拉杆内间距/(mm×mm)	420×420	
合模行程/mm	350	
模具最大/最小厚度/mm	500/250	
顶出行程/mm	100	
喷嘴孔直径 d_0	$\phi14$、$\phi17$、$\phi20$	
压射位置/mm	0	
压室尺寸/mm	$\phi65$	$\phi80$
铸件最大重量(镁)/kg	0.8	

③ 喷嘴大端直径＝喷嘴导入口小端直径＋2×喷嘴长×tan1.5°＝14＋2×72.5×0.026186＝17.797mm。

4. 模具浇口套直浇道小端直径

由于是点浇口，无横流道，选 B 型浇口套，根据立式冷压室压铸机直浇道设计要点中第 2 点，浇口套锥孔小端孔直径 $d=d'+1.5=17.797+1=18.797$mm。

5. 确定浇口套段直浇道大端孔直径

浇口套总长由定模座板确定，其直浇道锥角为 4°，浇口套段直浇道大端孔直径＝浇口套段直浇道小端直径＋2×浇口套总长×tan2°＝18.797＋2×45×tan2°＝21.92mm。

6. 整流罩压铸模浇口套

整流罩压铸模浇口套如图 3-3-16 所示。

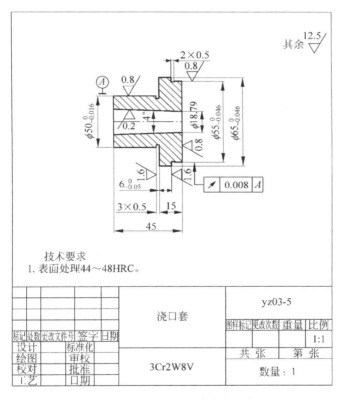

图 3-3-16　整流罩压铸模浇口套

7. 整流罩压铸模浇注系统

整流罩压铸模浇注系统如图 3-3-17 所示。

三、整流罩压铸模成型零件

1. 成型零件结构设计

型芯、型腔都采用整体镶嵌式，即型芯先在镶块上加工好，再放入动模板，型腔先在镶块上加工好，再放入定模板。

2. 确定铸件尺寸偏差

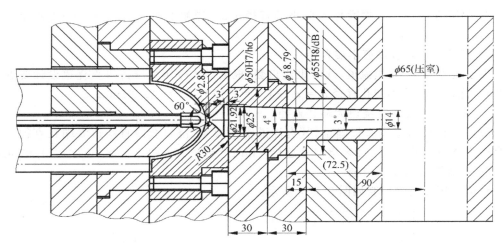

图 3-3-17　整流罩压铸模浇注系统

铸件尺寸偏差的确定(铸件按 Ⅰ 级精度,相当于 IT11~IT12),$\delta=\Delta/5$,空间对角线为 $61\times1.414=86.254$mm,查表得。

(1) 由型腔成型的尺寸有:$R47_{-0.2}^{0}$(自由)、$\phi61_{-0.23}^{0}$(自由)、$40_{-0.2}^{0}$(自由)、$\phi10_{-0.14}^{0}$(自由)。

(2) 由型芯成型的尺寸有:$R3_{0}^{+0.14}$(阻碍)、$R45_{0}^{+0.2}$(阻碍)、$\phi6_{0}^{+0.14}$(阻碍)、$\phi57_{0}^{+0.23}$。

(3) 中心距类尺寸:21 ± 0.085(自由)。

镁合金收缩率:自由收缩,$\varphi=0.9\%$;阻碍收缩,$\varphi=0.5\%$;混合收缩,$\varphi=0.7\%$。

3. 成型零件尺寸计算

(1) 型腔类尺寸计算公式

① $R47_{-0.2}^{0}$(自由):$D_{0}^{+\delta}=47.28_{0}^{+0.2/5}=47.28_{0}^{+0.04}$。

② $\phi61_{-0.23}^{0}$(自由):$D_{0}^{+\delta}=61.39_{0}^{+0.23/5}=61.39_{0}^{+0.05}$。

③ $40_{-0.2}^{0}$(自由):$D_{0}^{+\delta}=40.22_{0}^{+0.2/5}=40.22_{0}^{+0.04}$。

④ $\phi10_{-0.14}^{0}$(自由):$D_{0}^{+\delta}=9.99_{0}^{+0.14/5}=9.99_{0}^{+0.03}$。

(2) 型芯类尺寸计算公式

① $R3_{0}^{+0.14}$(阻碍):$d_{-\delta}^{0}=3.11_{-0.14/5}^{0}=3.11_{-0.03}^{0}$。

② $R45_{0}^{+0.2}$(阻碍):$d_{-\delta}^{0}=45.37_{-0.2/5}^{0}=45.37_{-0.04}^{0}$。

③ $\phi6_{0}^{+0.14}$(阻碍):$d_{-\delta}^{0}=6.12_{-0.14/5}^{0}=6.12_{-0.03}^{0}$。

④ $\phi57_{0}^{+0.23}$(阻碍):$d_{-\delta}^{0}=57.45_{-0.23/5}^{0}=57.45_{-0.05}^{0}$。

⑤ $15_{0}^{+0.14}$(混合):$d_{-\delta}^{0}=15.2_{-0.14/5}^{0}=15.2_{-0.03}^{0}$。

(3) 中心距类尺寸

21 ± 0.085(自由):$21.19\pm0.085/4=21.19\pm0.021$。

4. 整流罩压铸模成型零件尺寸及偏差

整流罩压铸模成型零件尺寸及偏差,具体见表 3-3-6。

5. 成型零件的定模模仁及型芯尺寸

成型零件—定模模仁尺寸如图 3-3-18 所示,型芯尺寸如图 3-3-19 所示。

表 3-3-6 整流罩尺寸、偏差与相应整流罩压铸模成型零件尺寸及偏差

铸件尺寸	尺寸类别		铸件尺寸及偏差	收缩率 φ	成型零件尺寸	成型尺寸类别	成型零件公差	成型零件尺寸及偏差
$R47$	轴类	A 类	$R47_{-0.2}^{0}$	自由,取 0.9%	$R\,47.28$	型腔类	$0.2/5 = 0.04$	$R47.28_{0}^{+0.04}$
$\phi61$		A 类	$\phi61_{-0.23}^{0}$		$\phi61.39$		$0.23/5 = 0.05$	$\phi61.39_{0}^{+0.05}$
40		B 类	$40_{-0.2}^{0}$		40.22		$0.2/5 = 0.04$	$40.22_{0}^{+0.04}$
$\phi10$		A 类	$\phi10_{-0.14}^{0}$		$\phi9.99$		$0.14/5 = 0.03$	$\phi9.99_{0}^{+0.03}$
$R3$	孔类	A 类	$R3_{0}^{+0.14}$	阻碍,取 0.5%	$R\,3.11$	型芯类	$0.14/5 = 0.03$	$R\,3.11_{-0.03}^{0}$
$R45^{+}$			$R45_{0}^{+0.2}$		$R\,45.37$		$0.2/5 = 0.04$	$R\,45.37_{-0.04}^{0}$
$\phi6$			$\phi6_{0}^{+0.14}$		$\phi6.12$		$0.14/5 = 0.03$	$\phi6.12_{-0.03}^{0}$
$\phi57$			$\phi57_{0}^{+0.23}$		$\phi57.45$		$0.23/5 = 0.05$	$\phi57.45_{-0.05}^{0}$
15			$15_{0}^{+0.14}$	混合,取 0.7%	15.2		$0.14/5 = 0.03$	$15.2_{-0.03}^{0}$
21	中心	B 类	21 ± 0.085	自由,取 0.9%	28.07	中心	$0.085/5 = 0.021$	21.19 ± 0.021

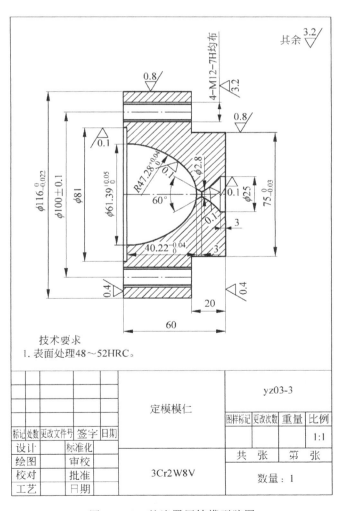

图 3-3-18 整流罩压铸模型腔图

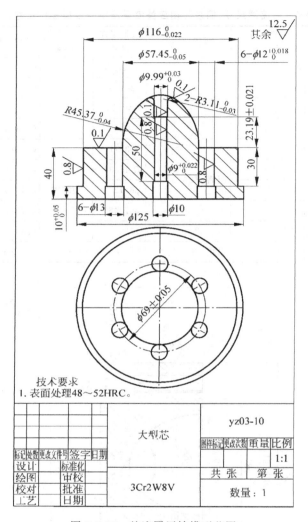

图 3-3-19　整流罩压铸模型芯图

②知识拓展②

镁合金压铸生产中注意事项

（1）镁合金易氧化，产生致密的 MgO，产生大量热，易爆炸，需要隔离空气和水，可将惰性气体注入型腔。

（2）保持现场的干燥、干净。每次开机前应将模具预热到 150℃ 以上，喷涂时不要喷涂过多的涂料，以免型腔内积水，引起危险。

（3）冲头及模具的冷却尽量不要用水冷。冲头冷却可用风冷，模具的加热及冷却一般用耐高温油。

（4）压铸镁合金冲头速度比铝合金高，为免飞料伤人，模具分型面部位加装飞料挡板。

思考题

1. 镁合金压铸生产需要注意哪些事项？
2. 立式冷压室压铸机压铸模直浇道、横浇道及浇口设计应注意哪些问题？为什么？
3. 如何确定立式冷压室压铸机压铸模直浇道、横浇道及浇口尺寸？
4. 简述模架的基本结构和设计要点。
5. 成型零件主要尺寸有哪些？成型尺寸如何确定？

任务四　整流罩压铸模推出机构、模架、排溢及装配图设计

任务引入

根据图 3-1-1 和图 3-1-2 所示的整流罩三维图和平面图,完成整流罩模具推出机构设计、选择整流罩压铸模模架、绘制整流罩压铸模装配图、零件图。

任务操作流程

1. 整流罩压铸模推出力计算。
2. 整流罩压铸模推杆直径和数量。
3. 推杆与模板配合长度及偏差带。
4. 推杆稳定性校核。
5. 推杆材料及热处理、粗糙度。
6. 型腔模板长、宽、厚的确定。
7. 确定另一模板厚度。
8. 确定垫高块高度。
9. 标识模架。
10. 绘制模架。
11. 绘制铸件图。
12. 绘制浇注系统。
13. 绘制成型零件图。
14. 绘制推出机构。
15. 绘制装配图。
16. 绘制零件图。

教学目标

※能力目标

1. 能够设计立式冷压室压铸机压铸模的推出机构。
2. 能够正确选择立式冷压室压铸机压铸模模架。
3. 能够正确绘制压铸模装配图及零件图。

※知识目标

1. 熟悉压铸模推出力计算，选择推出机构。
2. 掌握立式冷压室压铸机用模架型号选择步骤。
3. 掌握立式冷压室压铸机压铸模装配图绘制。

相关知识

一、镁合金压铸件推出机构确定

1. 镁合金压铸件脱模力计算

镁合金压铸件脱模力按下式计算：

$$F_t \geqslant K \times p \times A(\mu\cos\alpha - \sin\alpha)$$

式中，F_t 为脱模力；p 为挤压应力（MPa），镁合金 $10\sim12$MPa；A 为压铸件包紧型芯的侧面积（mm^2）；K 为安全系数，一般取 1.2 左右；μ 为铸件与型芯的摩擦因数，取 $0.2\sim0.25$；α 为型芯成型部位的脱模斜度（°）。

2. 镁合金压铸件推出部位的受推强度校核

镁合金压铸件推出部位的受推强度按下式校核：

$$\sigma \leqslant [\sigma]$$

式中，$[\sigma]$ 为铸件许用受推强度，镁合金 $[\sigma] = 30$MPa，

$$\sigma = F_t/A$$

式中，A 为铸件受推出零件所作用的面积（mm^2）；F_t 为脱模力（N）。

二、立式冷压室压铸机压铸模模架

1. 各型号立式冷压室压铸机对应压铸模模架

各型号立式冷压室压铸机对应压铸模模架见表 3-4-1。

表 3-4-1　立式冷压室压铸机对应压铸模模架系列

立式压铸机型号	模架型号				
	2530	3035	3540	4045	4550
J1512	√	√	√	√	
J1513	√	√	√	√	

说明：本表模具安装时从压铸机上方吊入，且以国产压铸机为主。

2. 各型号立式冷压室压铸机对应压铸模动、定模座板尺寸

各型号立式冷压室压铸机对应压铸模动、定模座板尺寸见表 3-4-2。

表 3-4-2　立式冷压室压铸机压铸模动、定模座板尺寸

压铸机型号	动、定模座板尺寸					
	动定模座板长 $A \times$ 宽 B /(mm×mm)		动定模座板厚度 H /mm	定模座板压室或浇口套用沉孔 D /mm	定模座板沉孔深度 h /mm	L/mm
	最大	最小				
J1512	600×350	250×250	25～35	$\phi 55^{+0.03}_{0}$	$15^{+0.027}_{0}$	——
J1513	410×410	260×260	25－35			

🐚 任务实施

一、整流罩压铸模推出机构设计

1. 脱模力的计算

由 $F_t \geqslant K \times p \times A(\mu\cos\alpha - \sin\alpha)$ 知，p 为挤压应力，镁合金取 $10 \sim 12$MPa；由 UG 铸件造型图可知，压铸件包紧型芯的侧面积 $A = 6900$mm^2。

各参数代入公式有：$F_t \geqslant 1.2 \times 12 \times 6900 \times (0.2\cos1° - \sin1°) = 18134.9$（N）。

2. 推出部位面积校核

采用推板推出，镁合金铸件推出强度 $[\sigma] = 30$MPa，则推出处的铸件面积

$$A \geqslant F_t / [\sigma] = 18134.9/30 = 604.5\text{mm}^2$$

即 $A \geqslant 604.5$mm^2。

现推出部分面积为圆环（内孔 $d = \phi 57$，外径为 $\phi 61$）面积 370.6mm^2，显然，现有铸件推出部位尺寸需要加大，选外径 $D = \phi 85$。

3. 推杆直径 d、数量 n 的确定

选推杆直径为 $d = \phi 12$，则推杆数量 = 总推出部位面积/单根推杆的面积 = 4×604.5/$\pi \times 12^2 = 5.34$mm^2，取 $n = 6$。

4. 压铸件推出行程 $S_{推}$

直线推出，滞留铸件的最大成型长度 $H = 21 + 15 = 36$mm，$S_{推} \geqslant H + K = 36 + 3 = 39$，取 $S_{推} = 40$mm。

5. 推杆导滑段长度 L

$L = (2 - 2.5)d = 2.5 \times 12 = 30$mm。

6. 推杆导滑段配合

镁合金 H7/e8。

7. 推管导滑段长度 L_1

$L_1 = S_{推} + 10 = 40 + 10 = 50$mm。

8. 推管导滑段配合公差带

镁合金内孔与推管型芯配合 H7/e8，外径与大型芯配合 H8/e8。

9. 确定整流罩压铸模推管型芯、推管、推杆、固定板

整流罩压铸模推管型芯如图 3-4-1 所示，整流罩压铸模推管如图 3-4-2 所示，整流罩

压铸模推杆如图 3-4-3 所示，整流罩压铸模推杆固定板如图 3-4-4 所示。

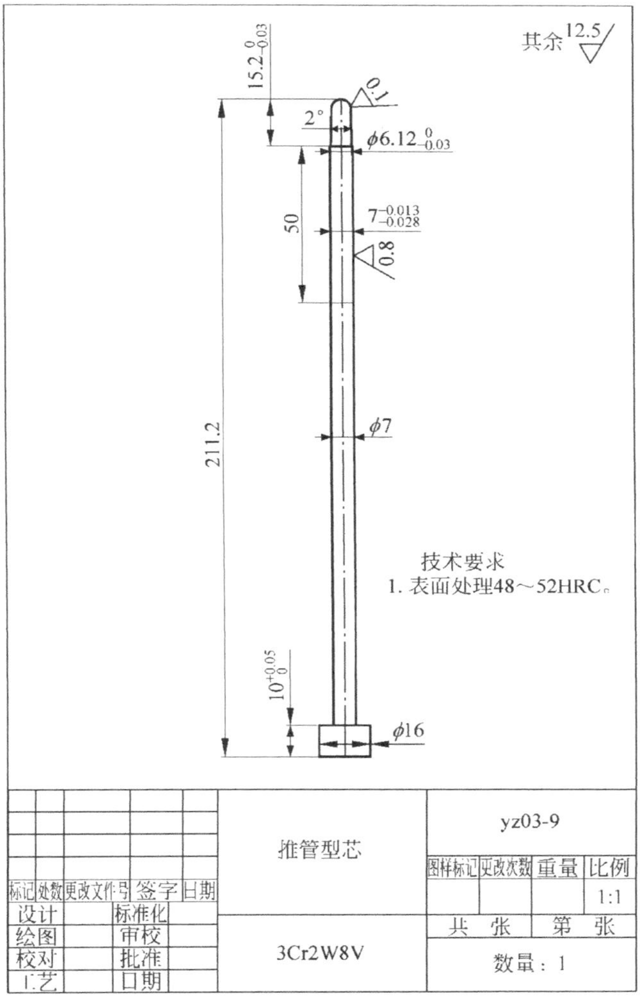

其余 $12.5 \bigtriangledown$

$15.2_{-0.03}^{0}$

$2°$　$\phi 6.12_{-0.03}^{0}$

50　$7_{-0.028}^{-0.013}$

$\bigtriangledown 0.8$

211.2

$\phi 7$

技术要求
1. 表面处理48～52HRC。

$10_{0}^{+0.05}$　$\phi 16$

				推管型芯	yz03-9			
					图样标记	更改次数	重量	比例
								1:1
标记	处数	更改文件号	签字	日期				
设计			标准化			共　张		第　张
绘图			审校		3Cr2W8V			
校对			批准			数量：1		
工艺			日期					

图 3-4-1　整流罩压铸模推管型芯

二、整流罩压铸模模架选择

1. 型腔模板（定模板）长、宽、厚度尺寸

（1）型腔模板（长×宽）：由于中心浇口，一模一腔，型芯、型腔结构都采用整体镶拼式，所以型腔直径为 $\phi 61$mm，型腔深度 40mm，查得模仁侧壁厚度为 15～30mm，取 25mm，模框厚度 35～45mm，取 40mm，型腔底部厚度≥15mm，取 17mm。

型腔模板尺寸为：40＋25＋61＋25＋40＝191mm，套标准模板 200×200 外形尺寸。

（2）A 板厚度＝型腔底部厚度 17＋型腔深 42＝59mm，取 60mm。

（3）B 板厚度：查表模架标注尺寸系列，200×200 规格的型腔模板时，B 板厚度为 25～160mm，考虑到安装固定型芯需要及凸出型芯高度，取 B 板厚＝40mm。

2. 整流罩压铸模型腔布置

整流罩压铸模型腔布置如图 3-4-5 所示。

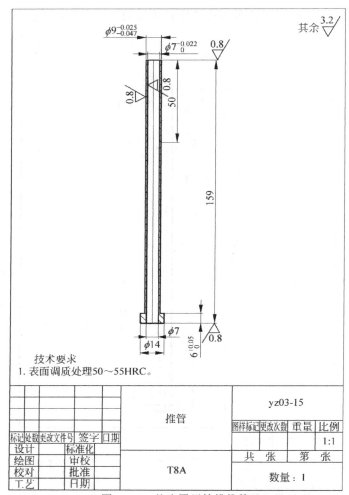

技术要求
1. 表面调质处理50~55HRC。

						yz03-15		
					推管	图样标记	更改次数	重量	比例
标记	处数	更改文件号	签字	日期					1:1
设计		标准化				共 张	第 张	
绘图		审校			T8A			
校对		批准				数量：1		
工艺		日期						

图 3-4-2　整流罩压铸模推管

3. 定模座板尺寸

J1513 型压铸机推荐定模座板尺寸为 260~410mm，与定模板间单边留 30~60mm，取 50mm，厚度为 25mm。故座板长尺寸为：200+50×2＝300。J1513 型压铸机拉杆内开档间距为 420×420，能够安装模具定模座板。故定模座板尺寸为 200×300×25。

4. 托板高度、长度、宽度

压铸机选择时，已知支承板承受的胀型力

$$F_{主}＝A×p＝449.24×80＝35939.3N＝35.94kN$$

查托板厚度推荐值为 25mm，查标准模具厚度为 35；宽度×长度＝200×200。

5. 推板及推杆固定板

查模架尺寸有：推板为 125×200×20，推杆固定板为 125×200×12。

6. 导向机构设计

导柱直径为 $\phi20$，固定段直径为 $\phi28$，导滑段长为 $(1.5－2)d＝(1.5－2)×20＝30~40mm$，选 35mm，导套总长 45mm 即

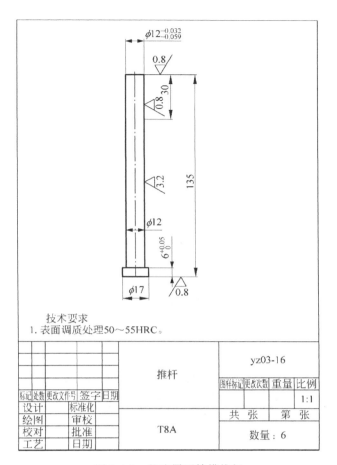

技术要求
1. 表面调质处理50～55HRC。

							yz03-16		
						推杆	图样标记	更改次数	重量	比例
标记	处数	更改文件号	签字	日期						1:1
设计			标准化				共　张	第　张	
绘图			审校			T8A			
校对			批准				数量：6		
工艺			日期						

图 3-4-3　整流罩压铸模推杆

导柱 20×110×35(GB/T4678.5—2003)；

导套 20×110(GB/T4678.6—2003)。

7. 垫高块高度、宽度（长度为 200mm）

高度≥推板厚度＋推杆固定板厚度＋推出距离＋10＝20＋12＋40＋10＝72mm，选垫块高度为 80mm，宽度为 32mm。

8. 复位杆及各连接螺钉直径

（1）复位杆直径 $\phi12$。

（2）定模套板与定模座板之间连接螺钉 6×M10。

（3）动模套板与支承板之间连接螺钉 6×M10。

（4）推板、推杆固定板连接螺钉 4-M8。

（5）动模座板、垫块及支承板之间连接螺钉 4-M12。

9. 标准模架标记

模架 A200200－60×40×80(GB/T4678—2003)。

10. 中间板与定模板的分型距离 A

设置中间板与定模板的分型距离 A，其目的是为了从浇口套中拔出直浇道凝料，并可

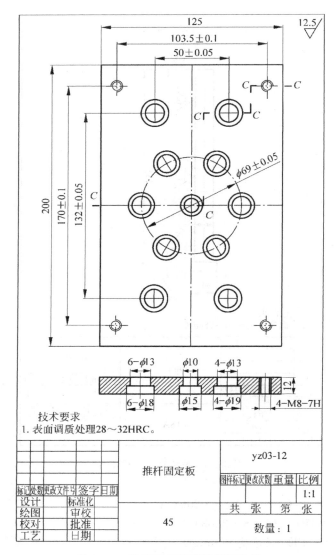

图 3-4-4 整流罩压铸模推杆固定板

取出浇注系统凝料。

$$A = S' + (3\sim5)$$

式中，S' 为直浇注系统凝料在合模方向上长度，直浇道长＋点浇口长，$S' = 62\text{mm}$；$A = 62 + (3\sim5) = 65\sim67\text{mm}$，同时 $A \geqslant 100\text{mm}$，取 $A = 100\text{mm}$。

11. 定模板与动模板分型距离 B

设置定模板与动模板分型距离 B，其目的是为了拉断浇口，顶出铸件。

$B \geqslant$ 压铸件总高＋型芯高＋$(5\sim10) = (41+2) + (36+2) + (5\sim10) = 86\sim91\text{mm}$，取 $B = 88\text{mm}$。

12. 整流罩压铸模模架

整流罩压铸模模架如图 3-4-6 所示。

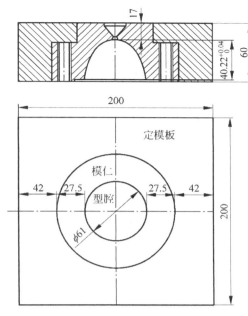

图 3-4-5　整流罩压铸模型腔布置

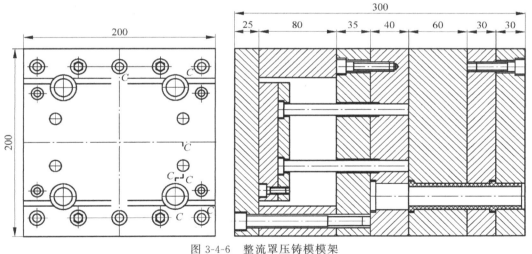

图 3-4-6　整流罩压铸模模架

三、整流罩压铸模装配图及零件图的绘制

1. 整流罩压铸模工作零件材料及热处理

查表，与镁合金液接触的零件材料选 3Cr2W8V（包括大型芯、推管型芯、定模模仁），热处理 48～52HRC；浇口套材料选 3Cr2W8V，热处理 44～48HRC；推杆、推管材料 T8A，热处理 50～55HRC；其他模板零件材料 45，热处理 28～32HRC。

2. 整流罩压铸模装配图

整流罩压铸模装配图如图 3-4-7 和图 3-4-8 所示。

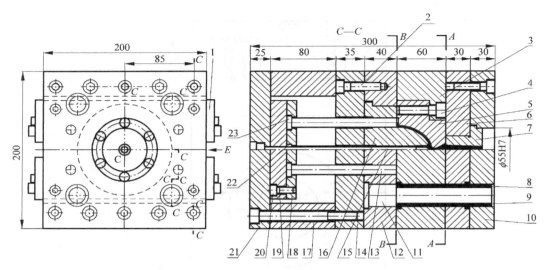

图 3-4-7　整流罩压铸模装配图（1）

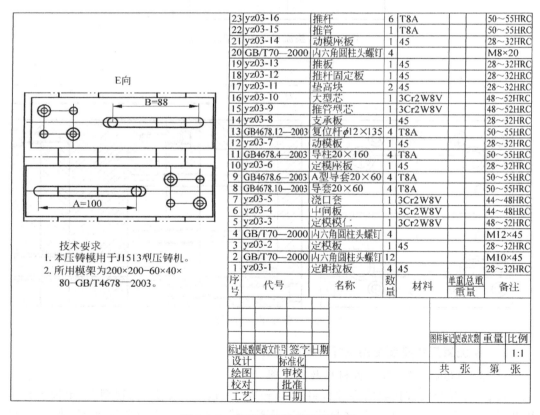

序号	代号	名称	数量	材料	单重 总重 重量	备注
23	yz03-16	推杆	6	T8A		50~55HRC
22	yz03-15	推管	1	T8A		50~55HRC
21	yz03-14	动模座板	1	45		28~32HRC
20	GB/T70—2000	内六角圆柱头螺钉	4			M8×20
19	yz03-13	推板	1	45		28~32HRC
18	yz03-12	推杆固定板	1	45		28~32HRC
17	yz03-11	垫高块	2	45		28~32HRC
16	yz03-10	大型芯	1	3Cr2W8V		48~52HRC
15	yz03-9	推管型芯	1	3Cr2W8V		48~52HRC
14	yz03-8	支承板	1	45		28~32HRC
13	GB4678.12—2003	复位杆φ12×135	4	T8A		50~55HRC
12	yz03-7	动模板	1	45		28~32HRC
11	GB4678.4—2003	导柱20×160	4	T8A		50~55HRC
10	yz03-6	定模座板	1	45		28~32HRC
9	GB4678.6—2003	A型导套20×60	4	T8A		50~55HRC
8	GB4678.10—2003	导套20×60	4	T8A		50~55HRC
7	yz03-5	浇口套	1	3Cr2W8V		44~48HRC
6	yz03-4	中间板	1	3Cr2W8V		44~48HRC
5	yz03-3	定模模仁	1	3Cr2W8V		48~52HRC
4	GB/T70—2000	内六角圆柱头螺钉	4			M12×45
3	yz03-2	定模板	1	45		28~32HRC
2	GB/T70—2000	内六角圆柱头螺钉	12			M10×45
1	yz03-1	定距拉板	4	45		28~32HRC

E向

B=88

A=100

技术要求
1. 本压铸模用于J1513型压铸机。
2. 所用模架为200×200—60×40×80-GB/T4678—2003。

图 3-4-8　整流罩压铸模装配图（2）

3. 整流罩压铸模零件图

整流罩压铸模零件图如图 3-4-9～图 3-4-12 所示。

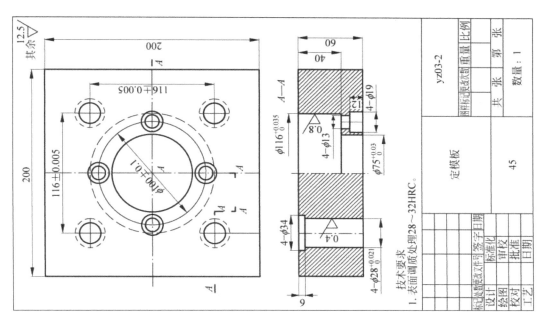

图 3-4-10　整流罩压铸定模板

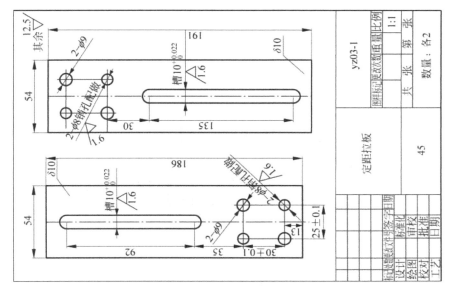

图 3-4-9　整流罩压铸模定距拉板

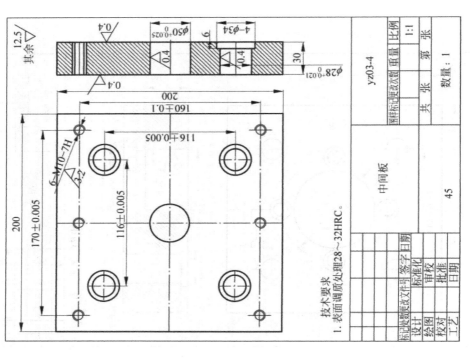

图 3-4-12　整流罩压铸模中间板

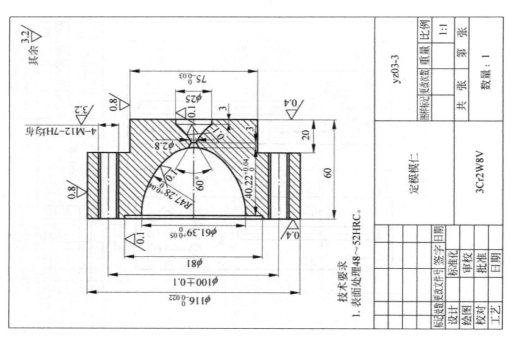

图 3-4-11　整流罩压铸模定模模仁

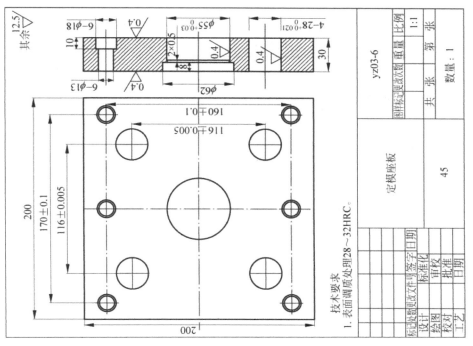

技术要求

1. 表面调质处理28～32HRC。

标记	处数	更改文件号	签字	日期		yz03-6
设计					定模座板	重量 比例
绘图		标准化				1:1
校对		审核				共 张 第 张
工艺		批准			45	数量：1

图 3-4-14 整流罩压铸模定模座板

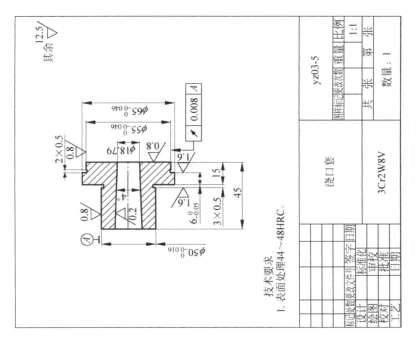

技术要求

1. 表面处理44～48HRC。

标记	处数	更改文件号	签字	日期		yz03-5
设计					浇口套	重量 比例
绘图		标准化				1:1
校对		审核				共 张 第 张
工艺		批准			3Cr2W8V	数量：1

图 3-4-13 整流罩压铸模浇口套

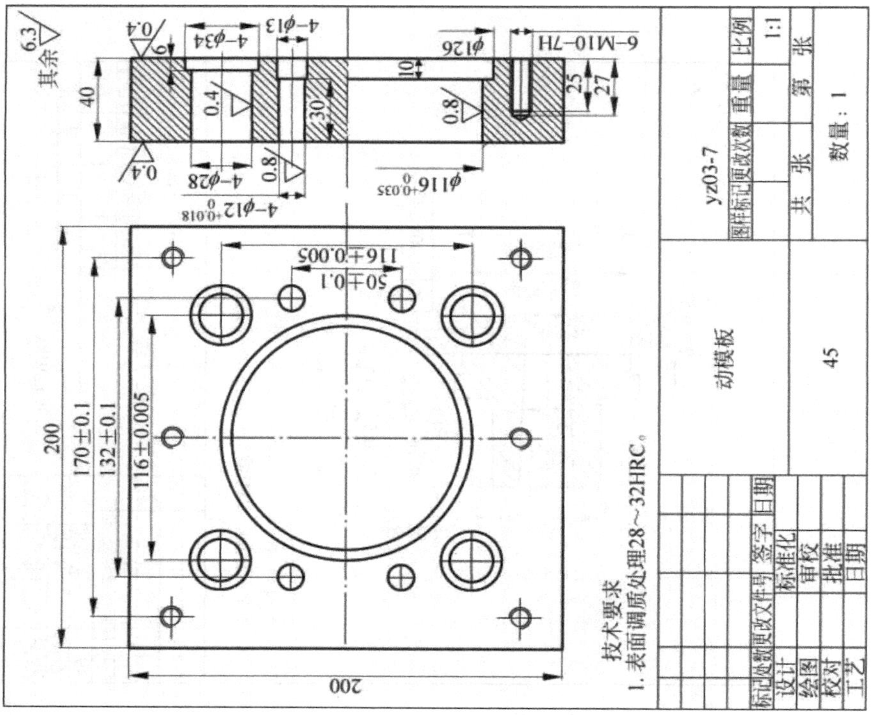

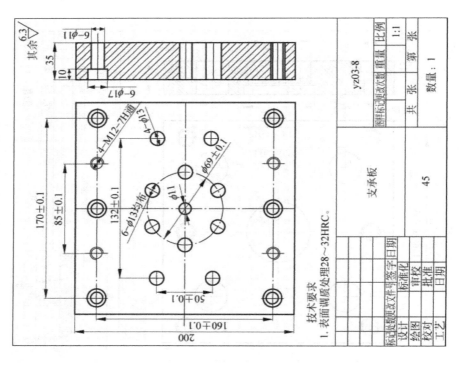

图 3-4-16　整流罩压铸模支承板

图 3-4-15　整流罩压铸模动模板

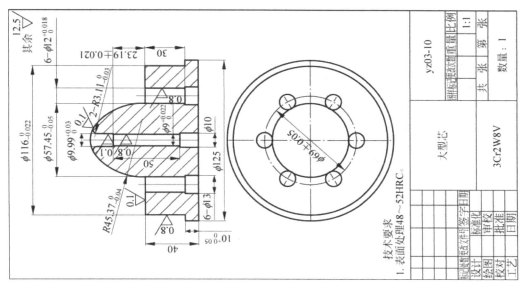

图 3-4-18　整流罩压铸模大型芯

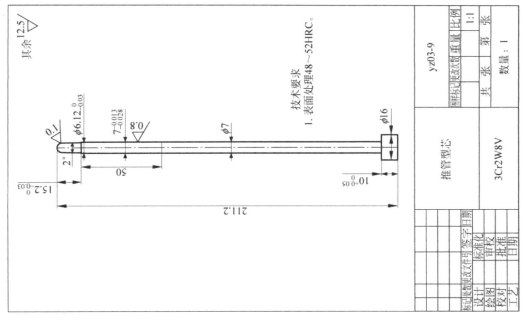

图 3-4-17　整流罩压铸模推管型芯

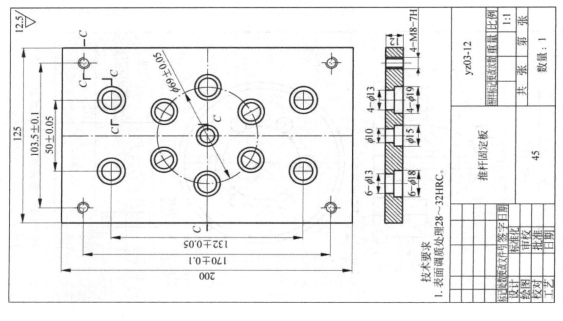

图 3-4-20　整流罩压铸模推杆固定板

技术要求

1. 表面调质处理28～32HRC。

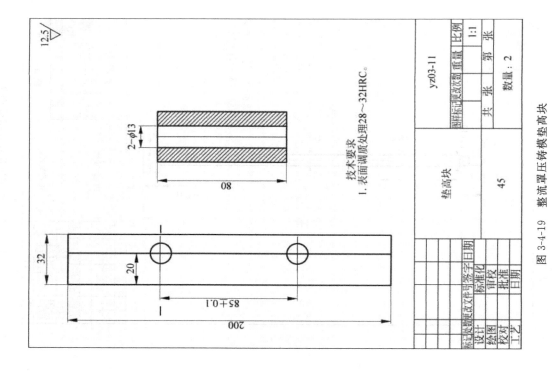

图 3-4-19　整流罩压铸模垫高块

技术要求

1. 表面调质处理28～32HRC。

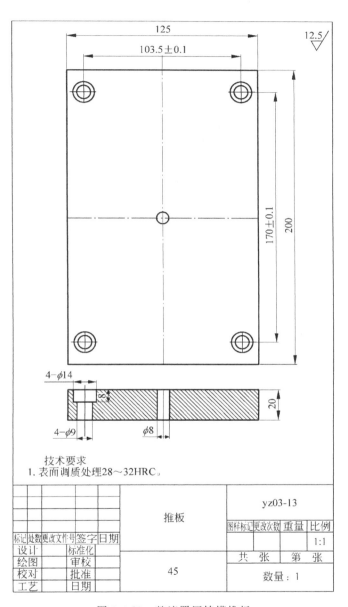

技术要求
1. 表面调质处理28～32HRC。

					推板	yz03-13			
						图样标记	更改次数	重量	比例
标记	处数	更改文件号	签字	日期					1:1
设计			标准化			共 张		第 张	
绘图			审校		45				
校对			批准			数量：1			
工艺			日期						

图 3-4-21　整流罩压铸模推板

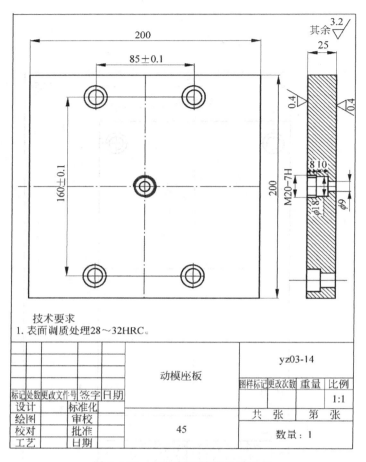

技术要求
1. 表面调质处理28～32HRC。

					动模座板		yz03-14			
							图样标记	更改次数	重量	比例
										1:1
标记	处数	更改文件号	签字	日期						
设计			标准化				共 张		第 张	
绘图			审校			45				
校对			批准				数量：1			
工艺			日期							

图 3-4-22 整流罩压铸模动模座板

知识拓展

压铸新技术

1. 真空压铸

真空压铸是用真空泵抽出压铸模型腔内的空气，建立真空后注入金属液的压铸方法。只用于生产要求耐压、机械强度高或要求热处理的高质量零件，如传动箱体、汽缸体等重要而结构复杂的铸件。

2. 加氧压铸

加氧压铸是将干燥的氧气充入压室和压铸模型腔，以取代其中的空气和其他气体的压铸。适用于铝合金产品上，包括需要高强度或需要耐热的零件。

3. 精速密压铸

精速密压铸是精确、快速及密实压铸的简称。它采用两个套在一起的内外压射冲头，故又称套筒双冲头压铸法。

4．定向抽气加氧压铸

5．半固态压铸

半固态压铸是在金属凝固过程中施以强烈搅拌，使普通铸造成型时易于形成的树枝晶网络骨架被打碎而成为分散的颗粒悬浮在剩余液相中，这种经搅动制备的合金一般称为非枝晶半固态合金。

附录 部分压铸机座板联系图及技术参数

一、部分压铸机模板尺寸

1. 部分卧式热压室压铸机座板联系图

部分卧式热压室压铸机座板联系图如附图 1～附图 3 所示。

2. 部分卧式冷压室压铸机座板联系图

部分卧式冷压室压铸机座板联系图如附图 4～附图 17 所示。

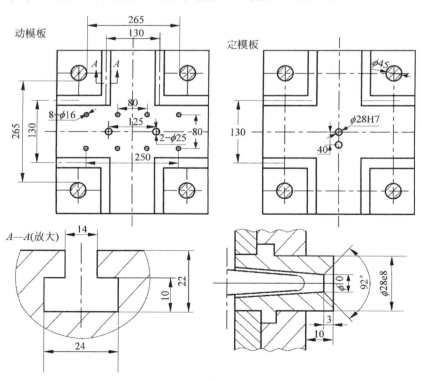

附图 1　J213 卧式热压室压铸机模板尺寸

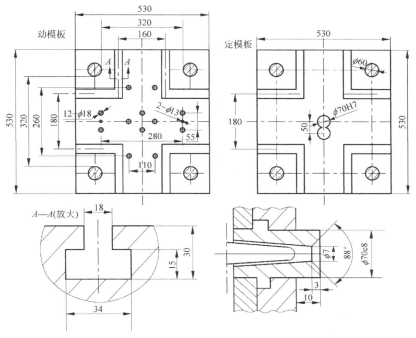

附图 2　J216 卧式热压室压铸机模板尺寸

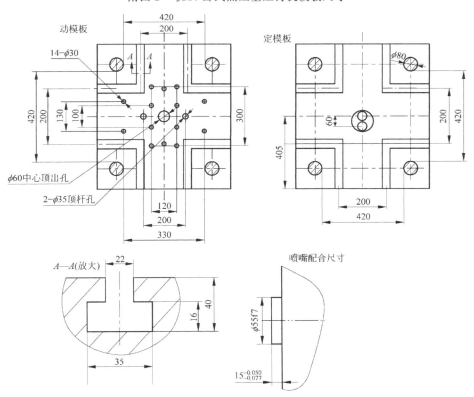

附图 3　JZ2113 热压室压铸机模板尺寸

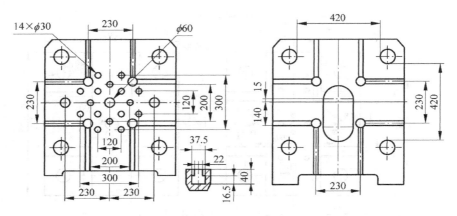

附图 4　J116F 卧式冷压室压铸机模板尺寸

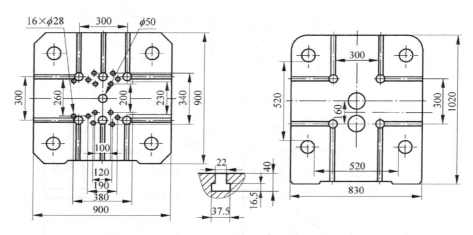

附图 5　J1126F 卧式冷压室压铸机模板尺寸

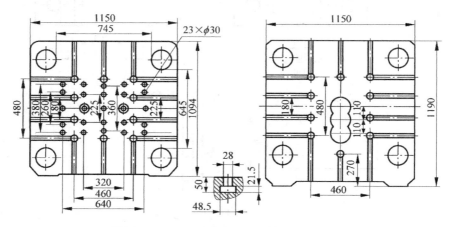

附图 6　J1150F 卧式冷压室压铸机模板尺寸

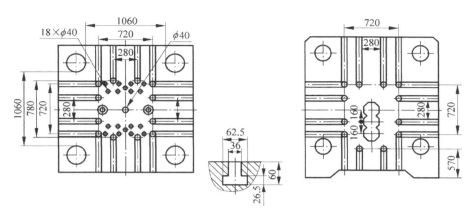

附图 7　J11125F 卧式冷压室压铸机模板尺寸

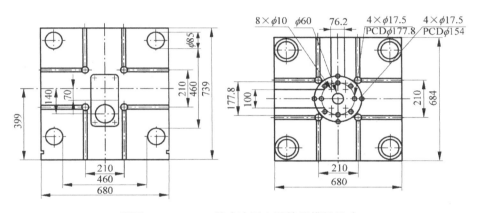

附图 8　DCC160 卧式冷压室压铸机模板尺寸

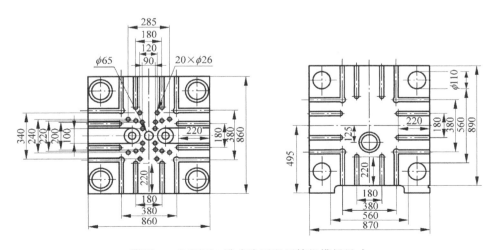

附图 9　DCC280 卧式冷压室压铸机模板尺寸

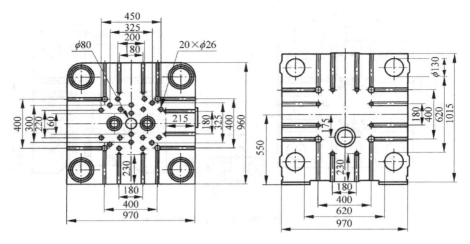

附图 10　DCC400 卧式冷压室压铸机模板尺寸

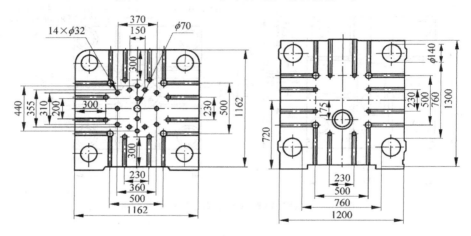

附图 11　DCC500 卧式冷压室压铸机模板尺寸

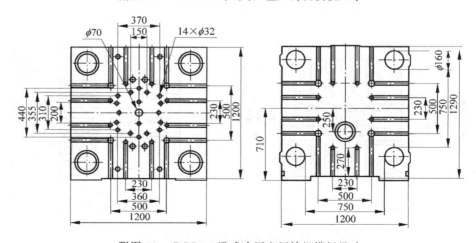

附图 12　DCC630 卧式冷压室压铸机模板尺寸

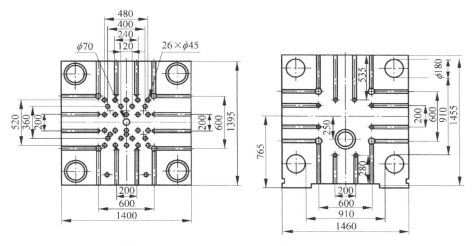

附图 13　DCC800 卧式冷压室压铸机模板尺寸

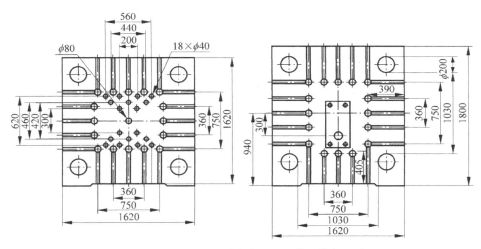

附图 14　DCC1000 卧式冷压室压铸机模板尺寸

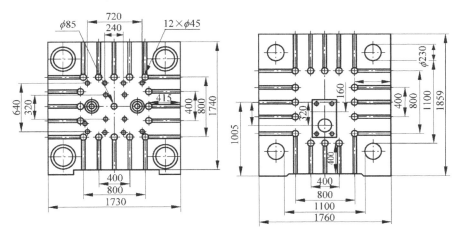

附图 15　DCC1250 卧式冷压室压铸机模板尺寸

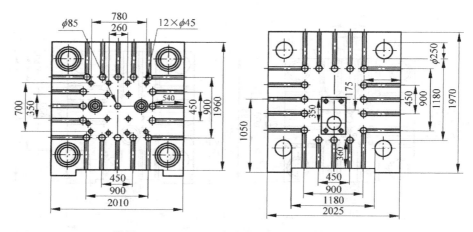

附图 16　DCC1600 卧式冷压室压铸机模板尺寸

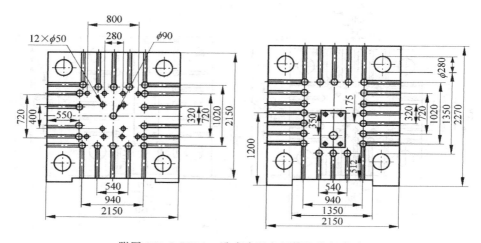

附图 17　DCC2000 卧式冷压室压铸机模板尺寸

二、部分压铸机主要技术参数

部分压铸机主要技术参数见附表 1～附表 3。

附表 1　J21 系列卧式热压室压铸机中主要技术参数

序号	项　目	主要技术参数		
		J213	J216	J2113
1	锁模力/kN	250	630	1250
2	合模行程/mm	100	250	350
3	模具最小/最大厚度/mm	120/240	150/400	250/500
4	模板尺寸/(mm×mm)	400×400	530×530	
5	拉杆内间距/(mm×mm)	265×265	320×300	420×420
6	拉杆直径/mm	$\phi45$	$\phi60$	$\phi80$

序号	项　目	主要技术参数		
		J213	J216	J2113
7	压射力/kN	30	70	85
8	铸件最大重量（锌）/kg	0.5	1.4	3
9	压射比压/MPa			16.5
10	铸件最大投影面积/cm²	138	138	735
11	压射位置/mm	0，−40	0，−50	0，−60
12	推出力/kN	20	50	100
13	推出行程/mm		60	

附表2　J11系列卧式冷压室压铸机中主要技术参数

主要技术参数

序号	项目	J1116F	J1118F	J1126F	J1140F	J1150F	J1163F	J11110F	J11125F	J11160F	J11200F	J11280F
1	锁模力/kN	1600	1800	2600	4000	5000	6300	11000	12500	16000	20000	1800
2	合模行程/mm	350	350	400	450	450	600	750	850	950	1060	350
3	模具最小/最大厚度/mm	200/550	200/500	250/650	300/750	300/750	350/850	480/1060	530/1180	600/1320	670/1500	200/500
4	模板尺寸/(mm×mm)	620×660	720×720	900×880	1000×1050	1150×1089	1260×1260	1540×1570	1740×1740	2010×2005	2140×2140	2740×2440
5	拉杆内间距/(mm×mm)	420×420	460×460	520×520	620×620	645×745	760×760	1000×1000	1060×1060	1250×1250	1320×1320	1800×1500
6	拉杆直径/mm	80	85	100	125	150	160	200	240	260	290	85
7	压射力/kN	200	220	300	400	490	600	900	1050	1250	1500	220
8	冲头直径/mm	40/50/60	50/60	50/60/70	60/70/80	70/80/90	70/80/90	90~130	100~140	110~150	130~175	50/60
9	压室最大容量(铝)/kg	0.84/1.3/1.89	1.4/2	1.6/2.4/3.2	2.5/3.4/4.5	3.6/4.7/6	5.4/7.1/9	10.5~22.5	13.2~26	17.2~32	21.1~45	1.4/2
10	压射比压/MPa	159/102/70	121/77	152/106/77	141/104/79	127/98/77	156/119/94	67~141	68~133	70~131	62~132	121/77
11	40MPa时铸件最大投影面积/cm²	400	450	650	1000	1250	1575	2775	3125	4000	5000	450
12	压射位置	0、-70、-140	0、-140	0、-160	0、-100、-200	0、-110、-220	0、-125、-250	0、-160、-320	0、-160、-320	0、-175、-350	0、-175、-350	0、-140
13	压室法兰直径	110	110	120	130	130	165	240	240	260	260	110
14	压室凸出高度	10	10	15	15	15	15	20	25	25	30	10
15	推出力/kN	100	100	130	185	242	250	450	500	550	630	100
16	推出行程/mm	80	80	100	120	120	150	200	200	250	250	80

附表 3 DCC 系列卧式冷室压铸机中主要技术参数

主要技术参数

序号	项 目	DCC130	DCC160	DCC280	DCC400	DCC500B	DCC630	DCC800	DCC1000	DCC1250	DCC1600	DCC2000	DCC2500	DCC3000
1	锁模力/kN	1450	1600	2800	4000	5000	6300	8000	10000	12500	16000	20000	25000	30000
2	合模行程/mm	350	380	460	550	580	650	760	880	1000	1200	1400	1500	1500
3	最小/最大模厚/mm	250/500	200/550	250/650	300/700	350/850	350/850	400/950	450/1150	450/1180	500/1400	650/1600	750/1800	800/2000
4	模板尺寸/(mm×mm)	650×657	680×684	860×860	970×960	1162×1162	1200×1200	1400×1395	1620×1620	1730×1740	2010×1960	2150×2150	2350×2350	2620×2620
5	拉杆内间距/(mm×mm)	429×429	460×460	560×560	620×620	760×760	750×750	910×910	1030×1030	1100×1100	1180×1180	1350×1350	1500×1500	1650×1650
6	拉杆直径/mm	80	85	110	130	140	160	180	200	230	250	280	310	340
7	压射力/kN	180	254	315	405	460	610	665	865	1075	1285	1500	1800	2110
8	冲头推出距离/mm	115	135	140	200	250	250	297	300	320	360	400	450	530
9	冲头直径/mm	40,50,60	40,50,60	50,60,70	60,70,80	70,80,90	70,80,90	80,90,100	90,100,110,120	100~140	110~150	130~170	140~180	150~190
10	压室最大容量铝/kg	0.7,1.15,1.6	0.8,1.3,1.8	1.5,2.1,2.9	2.7,3.6,4.7	4.3,5.6,7.1	4.3,5.7,7.2	7.2,9.1,11.2						
11	压射比压/MPa	141,90,62	202.3,129.5,89.9	160,112.5,82.6	144.4,106.1,81.2	122.93,73.5	158.7,121.5,96	132.8,104.9,85	9.5,11.7,14.2,16.9	13~25.4	17~32	24~41	30~50	39~62
12	40MPa时铸件最大投影面积/cm²	362	400	700	1000	1250	1575	2000	730,905,91,1095,1305	70~137	73~137	66~113	75~124	73~119
13	压室位置/mm	0,-100	0,-70,-140	-125	-175	-175	-250	-250	0,-300	-160,-320	-175,-350	-175,-350	-200,-400	-250,-450
14	压室法兰直径/mm	110	101.6	101.6	101.6	165	165	200	240	240	260	260	280	280
15	压室凸出高度/mm	10	12	12	12	15	15	20	20	25	25	30	30	30
16	推出力/kN	108	108	150	180	240	315	315	500	570	570	650	750	900
17	推出行程/mm	85	85	105	125	120	150	180	200	200	250	300	300	300

参 考 文 献

［1］ 潘宪曾.压铸工艺与模具.北京：电子工业出版社，2007
［2］ 屈华昌.压铸成型工艺与模具设计.北京：高等教育出版社，2008
［3］ 徐纪平.压铸工艺及模具设计.北京：化学工业出版社，2009
［4］ 全国铸造学会、圣泉集团公司.压铸技术与生产.北京：机械工业出版社，2008
［5］ 许发樾.压铸模设计应用实例.北京：机械工业出版社，2006
［6］ 张景黎.金属压铸模具设计.北京：化学工业出版社，2010
［7］ 夏致斌.模具钳工.北京：机械工业出版社，2009
［8］ 卢宏远，董显明，王峰.压铸技术与生产.北京：机械工业出版社，2008
［9］ 甘玉生.压铸成形模具工程师.北京：机械工业出版社，2008
［10］《压铸模设计手册》编写组.压铸模设计手册.北京：机械工业出版社，2008
［11］ 王正才.压铸模具设计与制造.北京：高等教育出版社，2009
［12］ 吴春苗.压铸工艺与压铸模案例.广东：广东科技出版社，2007
［13］ 田雁晨.金属压铸模设计技巧与实例.北京：化学工业出版社，2006
［14］ 龙文元.金属液态成型模具设计.南昌航空大学校级精品课程网：http//metc.nchu.edu.cn/ec2006/c83/course/Index.htm，2006
［15］ 徐纪平.压铸工艺及模具.上海工程技术大学精品课程申报网：http//metc.nchu.edu.cn/ec2006/c83/course/Index.htm，2006
［16］ 中国压铸网：http//www.yzw.cc
［17］ 中国模具论坛：http//www.mouldbbs.com/.
［18］ 模具设计论坛：http//www.mouldbbs.com/bbs/index.html.
［19］ 世纪模具网：http//www.21mould.net/html/index.html.
［20］ Pro/E 中文论坛：http//www.proe.cn/bbs/index.php.